白金女人速成书

BaijinNvrenSuchengshu

每个女人必备的幸福秘笈

李意昕⊙著

北京航空航天大学出版社
BEIHANG UNIVERSITY PRESS

图书在版编目（CIP）数据

白金女人速成书 / 李意昕著. --北京：北京航空航天大学出版社，2011.1

ISBN 978-7-5124-0299-7

Ⅰ. ①白… Ⅱ. ①李… Ⅲ. ①女性－成功心理学－通俗读物 Ⅳ. ①B848.4-49

中国版本图书馆 CIP 数据核字（2010）第252282号

白金女人速成书

李意昕　著

责任编辑　王　律

*

北京航空航天大学出版社出版发行

北京市海淀区学院路 37 号（邮编 100191）　http://www.buaapress.com.cn

发行部电话：(010)82317024　传真：(010)82328026

读者信箱：bhpress@263.net　邮购电话：(010)82316936

涿州市新华印刷有限公司印装　各地书店经销

*

开本：700×960　1/16　印张：12.75　字数：163 千字

2011 年 1 月第 1 版　2011 年 1 月第 1 次印刷

ISBN 978-7-5124-0299-7　　定价：26.00 元

引 言

2005年4月9日，英国王储查尔斯和他的情人卡米拉在经过了35年的爱情长跑后，终于修成正果。

英国王储查尔斯王子的第二任妻子与他第一任妻子黛安娜王妃是截然不同的两个人。

黛安娜王妃年轻貌美，1981年她与查尔斯王子结婚时，她看起来就像是从童话中走来的仙女。整个英国都为这桩婚姻感到高兴。

卡米拉则与此形成一个鲜明的对比：她是一个57岁的离婚妇女，她还有两个孩子。英国人一直在努力适应她出现在查尔斯王子身边的现实。

黛安娜王妃曾给沉闷乏味的王室带来魔力和光环，而卡米拉则更像是一个主妇、一个喜欢乡下日子的贵妇。显然她在皇室的圈子内更加如鱼得水。

不一样的两个女人，一样的精彩。

没有了黛安娜，查尔斯再怎么也是难以吸引人的，他是个太普通的男人，重新被关注是因为他和卡米拉的婚姻。他们的婚姻之所以被关注是因为他们的爱情是建立在黛安娜的身体和心灵的碎片上的。其实卡米拉倒是个人物，她貌不惊人语不出众，却能够在很长的时间里把黛安娜踩在脚下，其能量和胆略必有过人之处。一个胜出的人，在表象上越是没有痕迹，其内功越是高深。

人们总是为黛安娜抱屈，情不自禁在卡米拉的微笑中看到黛安娜的忧郁，因为人们习惯于施爱于弱者，在关爱弱者的过程中可以反证自己的强大和善良。人们同样习惯站在强者的对面，以抗拒的心态提升自己的价值。对于黛安娜和卡米拉，我们除了知道她们是美丽的和平常的，年轻的和不年轻的这样外部的差别，对她们的内涵所知甚少，而婚姻和爱情的关键要素却恰恰是内涵的默契。

查尔斯和卡米拉的婚姻证实了曾经的流言，然而他们还是勇敢而正式地进入伊甸园。通过这样的行为，我们对卡米拉的高深见到了冰山一角。这个貌不惊人的老女人，凭着她自己独特的魅力和智慧，成了王子身边的伴侣。

人的生活本就该是自己决策自己作为，只有怯懦者才会轻易地被舆论左右。令人大跌眼镜的挑战，远胜于按他人的意志行事而扭曲自己。黛安娜是坚强的，她对自己的遭遇做了反抗；卡米拉是坚韧的，她坚持到了最后。从审美的角度，她们都是有价值的。

这就好比我童年时一直想不通的问题：秦始皇统一六国是有价值的，为什么屈原反对统一也有价值？现在明白了：秦始皇的价值是统一，而屈原的价值是爱国。

黛安娜是悲惨的，她有美貌，有魅力，有机遇，却没有快乐。

卡米拉笑到了最后，有情人终成眷属，抓住了她最想要的那个男人。

类似的，灰姑娘从一个沾满了灰烬，又脏，又难看的丫头，终于成了王子身边的那个她。有人说，灰姑娘的成功是因为她本来就是公主级的人物。可是，天底下美貌善良的丫头千千万，为什么王子选中的偏偏是她？

这样的命运后面一定有着规律性的东西。女人光有美丽是不够的，智慧和坚韧才是生活中更重要的东西。或者说，男人原本就是太贪心的动物，他们心目中的理想女人，能够美貌与智慧并重，温柔和野性俱全才是最好不过的。

都说女人是弱者，是因为她太多的时候在依赖男人。俗话说，男怕入错行，女怕嫁错郎。一个好男人，是女人一生的幸福所在。所以，如果遇见了命定的那个他，千万不要错过，无论如何也要让他心甘情愿地拜倒在你的石榴裙下！

这本小书，就是一本女人必备的幸福秘籍。如何抓住他的心，全在这本书中……

目 录

第一章 一把钥匙开一把锁：你会吸引什么样的男人

第二章 男女大不同：解析男人心

第三章 让他在一瞬间爱上你：做个第一眼美女

第四章 越近越美丽：修身养性，才能抓牢他的心

>> 第一章

一把钥匙开一把锁：你会吸引什么样的男人

◎ 女人是老天最完美的艺术品。

女人如画。

水灵灵的少女，是一幅清秀的国画，近看远看都一样耐看。

苗苗条条的姑娘，是一幅清新的水粉画，让人百看不厌，越看越有味。

温柔的女人，是一幅优美的工笔画，给人一种善良而温情的美感。

刚强的女人，是一幅有棱有角的木刻画，乍看似粗，但细看却细，粗中有细，细中也有粗。

即使是泼辣的女人，也是一幅画，是一幅多重色彩的画。泼辣的女人，刚中有柔，柔中带刚，就像油画一样，明中有暗，暗中带明。油画色彩丰富，泼辣的女人感情也丰富；油画色彩层次多，泼辣的女人感情层次也多；油画色彩厚重，泼辣女人的感情也厚重。

品味女人有如品味画一样，越品越有味。品味画也要像品味女人一样，品味她的灵性。

然而，要享用女人的韵味就需要男人的特殊品位，男人有特殊品位才能真正欣赏到女人韵味。

所以说，最能够品味和欣赏女人的韵味的，只有男人；最善于把女人当作画来欣赏的，只有男人。

男人，是女人的忠实读者；女人，是男人的艺术欣赏对象。

俗话说，一把钥匙开一把锁，如画的女人，吸引的男人各自不同。那么，美丽的你，又会吸引怎样的观赏者呢？

你究竟是什么样的女人

先将你的名字转换成拼音，再依照“拼音符号对照表”所列的数字，合计出你名字的合计数，再用这个合计数的末尾数就可以对照出你属于什么水果了。如果算出的结果为10或末尾数为0的话，就属于第10种“芒果”型。

举例：

拼音符号对照表：

a	b	c	d	e	f	g	h	i	j	k	l	m	n	o	p	q	r	s	t	u	v	w	x	y	z
1	2	2	2	2	3	1	2	2	2	2	1	2	3	3	3	3	3	2	2	2	2	1	3	1	2

水果类型：

末尾数 1=苹果	末尾数 2=荔枝	末尾数 3=水蜜桃	末尾数 4=橘子	末尾数 5=葡萄
末尾数 6=香蕉	末尾数 7=草莓	末尾数 8=菠萝	末尾数 9=猕猴桃	末尾数 0=芒果

例：“徐雪蓝”转换为（xu xue lan）= 3+2+3+2+2+1+1+3=17。

末尾数为7，属于草莓型。

苹果女人

白皙红润的肌肤是迷人的地方，就是胖胖的也很可爱，不是吗?

情感深厚且温和，让周遭的人倍感温馨。喜欢小孩，又会做家事，有可能成为十足的好妈妈。由于性格比较保守，因此衣着打扮倾向成熟的职业装，比较容易得到年纪比自己小的男子的信赖。善于理财，精打细算的头脑，像是装了电子计算机。做事认真且专注，是个受到称赞就会拼命实干的职员。不背叛另一半，对感情诚恳忠实，持中庸之道享受平稳的人生。苹果女人一般女友较多，外遇少。就像电车，绝对很少出轨。她们很少有石破天惊的爱情，平淡的生活也许让她感觉婚姻像是闷罐车，所以夫妻会在争吵中稳固关系。

切记：偶尔跨出保守，尝试良性的冒险。

荔枝女人

是最懂得享受的女人。

富有艺术家气质，并天生就懂得如何把自己的独特气质散发出来的荔枝女人，是红色的法拉利，最好看了。实用吗? 不知道。荔枝女人一生难逃曲高和寡的人生际遇。她出众但很少从众，无论在服饰打扮还是思想意识上都是如此。善于整理事物，是个要求严苛的人，有相当严重的洁癖，是免洗马桶坐垫的忠实使用者。讨厌不爱干净的男人。因此，有许多是单身贵族，在交友和爱情上坚守“宁缺毋滥”的原则。如果终于等到了属于自己的那杯爱尔兰咖啡，她会一直品下去。

切记：可以孤独，但勿封闭。

水蜜桃女人

水蜜桃女人是发嗲和撒娇的高手。

如果她想买件貂皮大衣，男人不答应，她就来个软硬兼施，不达目的绝不罢休！当软的失效，硬的上场，外加点儿咬一咬、打一打、拧一拧的动作，直到男人乖乖地点头为止。水蜜桃女人是最有心机、心计的女人，她们像诡计多端的蜘蛛，精心地编织女性温柔的陷阱，捕获的猎物锁定那些能给她们生活质量升级的男人。她像出租车，到处乱停，搭乘她的车记得买单就可以了。而脚踩多条船是水蜜桃女人的特长，能够把感情同时分给好几个人，真是小花心一个，所以经常上演没有结果的爱情短篇！看似浮萍的水蜜桃女人，绝对不会因对方的热烈求婚而贸然答应婚事。在选择结婚对象时，会倾向挑选有经济基础的，渴望结婚后过上衣食无忧的全职太太生活。

切记：聪明反被聪明误。

橘子女人

个性明朗、开放的橘子女人，脸上总是浮现出阳光般的笑容，120%的开朗度和自信度让她不管走到哪里，都能成为最受瞩目的焦点，结交一堆的朋友。

她是观光车，和她在一起有时像度假般轻松，有时又像坐疯狂过山车一般刺激。便服也好、盛装也罢，随意打扮都能出彩儿。她不是时尚先锋，但却始终懂得在自己身上点缀一两点流行元素——“不要那么多，只要一点点”。酸酸甜甜的橘子女人是最具野蛮女友（太太）潜质的女人，“因为可爱，所以野蛮”，让男人欲罢不能。聚会中常会有恋情发

生。忽冷忽热没定性的心，只有三分钟热度的嗜好一大堆。

切记：爱慕虚荣，喜欢被人宠着，若不收敛些，有可能失去朋友或者成为同事妒忌的对象！

葡萄女人

柔和的葡萄紫色，代表着关心，给人安全感；而葡萄的一粒一粒代表着一点一滴，无微不至，虽不起眼，却叫人回味深长，是随着年龄的增长越来越丰富的女人，天生的乐天派，认为“明天永远比今天好”。

青春对于她是酸涩的，自信和快乐是随着岁月的增长而弥增的。她知道在自己最好的时候选择一份成熟的爱情，然后坚定地将爱情进行到底。她们一般都晚婚，即使结婚也像在谈恋爱。葡萄女人是公共汽车，按时发车、到站停车。聪明敏锐，充满求知欲。即使结婚生子，同样对自己的事业和爱好保持一份好奇与恒心。表面上看她圆润、水灵，其实有自己的内涵，那就是一份游刃有余的事业。一个爱她的丈夫，一个可爱的孩子，一份得心应手的工作，构成她三足鼎立的完满人生。

切记：戒自满。

香蕉女人

香蕉绵软，保鲜期短。香蕉女人依赖性强，独立性差。

她是自行车，你不踩，她准停下来。凡事总爱依赖别人，不自己决定，有时会成为别人的大包袱。她们一般从父母手里挣脱后就来到了丈夫手里，一生跨不出三门——父母家门、夫家门、墓地门。她们通常胆小怕事。婚姻是她生活的支点，那个男人是杠杆。命运好的话，找到一棵大树一样的男人安度一生；际遇不好的话，丈夫中途另有新欢让她“下车”，她不是寻死觅活就是沦为新怨妇。香蕉女人青春期短，更年期长。一生缺乏安全感。

切记：独立自主，自力更生。

草莓女人

草莓女人有自信，具魅力，爱做梦，是圣诞老人的马车。

打从心底里相信并追求完美的爱情。感受性很丰富而且善于编织美梦，所以容易让自己沉浸于象牙塔中。

缺点是没有耐性，因为一直支持着她的是抽象的自信心，所以一旦事情的发展无法如预期般进展时，就会突然中断放弃。

切记：勇敢面对现实，修炼耐心。

菠萝女人

菠萝女人体态丰腴，令人不知不觉地想倚靠过去。

鲜黄色的菠萝加上它绿色的叶子，大概没有人会说不好看，但是菠萝周身都带刺，叫人要小心翼翼。远观无害，靠近有伤。菠萝女人是碰碰车，为人处世十分讲究原则和分寸。菠萝女人的婚姻观是追求自由，相互尊重，多给对方一些空间。对菠萝女人来说，婚姻是一种甜蜜的负荷。因此菠萝女人痛恨那种处处注重长幼有序的关系，骨子里有一种颠覆传统的叛逆气息。

切记：过度的自我保护可能错失爱的机缘。

猕猴桃女人

猕猴桃英文是kiwi fruit，用粤语翻译过来是“奇异果”的意思。

她们通常外柔内刚，平凡的仪表下掩藏着一颗不平凡的心。如果不是主动出击，她们很少能得到理想的爱情。他娶她的时候有些不那么情愿，但婚后才发现是“手心里的宝”。猕猴桃女人旺夫，她一边操持家务，一边为丈夫出谋划策，让丈夫的事业在她的协助下螺旋上升、蒸蒸日上。这个相貌普通，不化妆、不美容也不减肥的女人，可以把一个工薪阶层的家过得有声有色。猕猴桃女人是人力车，实惠踏实。

切记：自卑是你一生的敌人。

芒果女人

芒果的样子实在可爱，但吃到最后发现是肉少核大。

芒果女人要么本身就强，要么自己要强，独立意识浓厚，甚至有些刚愎自用。她们雷厉风行，是事业的宠儿，敢与男人在商场上拼杀，无论在工作、生活上都要争取第一、最好。是主动买单的女人，恋爱过程中她们会不吝于“倒贴”，适合“姐弟恋”。容易发怒。不屑的眼神和那张喜欢挖苦别人的嘴，常使得周遭的人被那如机关枪般发射出来的言词打得稀里哗啦。芒果女人是凯迪拉克轿车，没有一定信心、耐心和实力的男人甭想踏上她的“客船”。她在建构自己的婚姻生活时，常按照自己的理想来选择结婚对象。婚姻生活中充满了冷静和原则。

切记：减少情绪风暴发生的次数，你的人生会更美好。

你会吸引哪种男人

我们对于自己喜欢什么类型的男生都很清楚，但是说到什么样的男生会喜欢自己却好像不太清楚呢。

赶快进行以下的心理测验吧，可以知道自己的个性会吸引哪种男生哟。

开始吧——

1. 当你50岁的时候，希望自己变成什么样子

没什么皱纹，看起来像20岁女生的可爱欧巴桑→第7题

在社会上出人头地、很有成就的成熟女性→第2题

2. 曾经面对着镜子研究最适合自己的表情

yes→第8题

no→第3题

3. 跟别人说话时会心不在焉想别的事情

yes→第9题

no→第4题

4. 很喜欢带头做一些事

yes→10题

no→5题

5. 不太跟人诉苦

yes→第11题

no→第6题

6. 宁可牺牲自己给别人快乐

yes→第12题

no→第13题

7. 主动向人告白从没有失败过

yes→第13题

no→第2题

8. 总是交得到男朋友

yes→诊断C

no→第15题

9. 情绪起伏很大

yes→诊断E

no→第19题

10. 觉得自己很像大姐姐

yes→诊断B

no→第17题

11. 一旦有事发生就会心神不宁

yes→第18题

no→诊断D

12. 联谊时若有很无趣的人，就会不太高兴

yes→诊断B

no→第22题

13. 很会跟人交际

yes→第19题

no→第14题

14. 曾收到不是自己喜欢的人送的礼物

yes→第20题

no→第15题

15. 不太跟人说自己的缺点

yes→第21题

no→第16题

16. 很喜欢忙碌的生活

yes→第22题

no→第17题

17. 曾经有想死的念头

yes→第18题

no→第23题

18. 朋友们常会找自己聊心事

yes→第24题

no→第22题

19. 曾有在路上被5个以上的人搭讪过的经验

yes→诊断A

no→第20题

20. 曾经被同性朋友讨厌

yes→诊断C

no→第21题

21. 不论再怎么喜欢对方，都觉得没有必要说出来

yes→诊断E

no→诊断C

22. 联谊时较常当主办人

yes→诊断B

no→第23题

23. 为了家人或属下，愿意忍下任何事

yes→诊断D

no→第24题

24. 读小说时总是无法了解故事主角的心情

yes→诊断D

no→诊断F

诊断A：耿直男生最爱你

会喜欢像你这样个性的男生绝不会是个生活太复杂的人喔。他的个性很朴实，思绪也很单纯，这样的人特别会对你有意思。虽然你自己本身并非那么的简朴单纯，但你最后还是会喜欢上那个时时注意你的一言一行、时时在意你生动表情的人。一旦双方开始交往后，只要两个人之间都没有人提出分手，也没有什么特别的理由或意想不到的事发生，你们应该就能交往得比较久，这是最大的特征。

诊断B：稚气男生喜欢你

你不论跟什么人交往都会维持不错的人际关系。这点虽然好是好，但却容易吸引个性比较不果断或依赖心重的男生。因为你们两个人个性上有点互补的关系，所以比较容易契合，往往会成为情侣。由于个性使然，无论如何对方根本不可能主动向你提出分手，所以往往要分手时都一定是女方开口。不过，若提出分手也只有在你喜欢上其他人时，你才说得出口。

诊断C：所有男生都哈你

你凡事都很会拿捏分寸，也很女性化，所以会喜欢上你的异性往往个性不同。若要说到底什么样的人会喜欢上你呢，那则要看你自己的兴趣是什么，对方外表给人感觉如何才能断定。因此，从很man的男人到个性软弱的男人都有可能喜欢你，涵盖的范围相当广。而你自己本身呢，则比较喜欢有值得你佩服特点的才子或有领导特质的男生。

诊断D：邻家男生煞到你

你跟外表看起来感觉差很多，有点男人婆的感觉，个性也很强硬，跟谁都是哥儿们的样子，因此会喜欢上你的人，通常个性上也会比较中性一点，而你们若谈起恋爱来，模式也比较像朋友。在男生方面，大部分都会觉得变成情侣还不如当朋友较自在，所以一旦有你觉得还不错的对象，或许主动一点会比较好喔。

诊断E：自信男生迷恋你

虽然说也有特例，但整体而言你是个总是心情很好，很难让人了解的一个人。会喜欢你的男生通常必须具有征服的野性，也是对自己相当有自信的人，甚至是个自信过头的人，才会喜欢上你。而他是不是在了解你的所有之后才喜欢上你的呢？这还是个问号。虽然在交往的过程中能慢慢地了解你，但大部分都要花蛮长的时间才有办法喽。

诊断F：肌肉男生只要你

简单地说，你通常都会吸引运动型的男生喜欢上你。他们因为很怕麻烦，所以会比较喜欢跟单纯、坦率的人交往，像你这种开朗少女最吸引他们了。你们谈话内容不会太过深奥，使用到的大部分形容词都很简单。例如：很好吃、很不错、很过分等。对你而言，这样的人跟你最投缘，若能遇上的话就算你幸运了喔。

测测你受异性欢迎吗

1. 你旅行时，最想去哪个地方

北京→问题2

东京→问题3

巴黎→问题4

2. 你是否曾在观看感人的电影时泣不成声

是→问题4

否→问题3

3. 如果你的男（女）朋友约会时迟到一个小时还未出现，你会

再等30分钟→问题4

立刻离开→问题5

一直等待他（她）的出现→问题6

4. 你喜欢自己一个人去看电影吗

喜欢→问题5

不喜欢→问题6

5. 当他（她）在第一次约会时就要求吻你，你会

拒绝→问题6

轻吻他（她）的额头→问题7

接受并吻他（她）→问题8

6. 你是个有幽默感的人吗

我想是吧→问题7

大概不是→问题8

7. 你认为你是个称职的领导者吗

是→问题9

不→问题10

8. 如果可以选择的话，你希望自己的性别是

男性→问题9

女性→问题10

无所谓→答案D

9. 你曾经同时拥有一个以上的男（女）朋友吗

是→答案B

不→答案A

10. 你认为你聪明吗

是→答案B

不→答案C

答案A

恭喜！你对异性有很大的吸引力！

在异性的眼中，你有一种魅力。你不只有美丽的外形，而且有幽默和大方的个性。

你应该是一个很有气质的人，而且深谙与人相处之道，你很懂得支配你的时间，所以你在异性之间很受欢迎。

答案B

很好！你很容易便可以吸引异性。但是你并不容易陷入爱情的陷阱。你的幽默感使得人们乐于与你相处，他（她）与你在一起时非常快乐！

答案C

尚可！

你并不能特别吸引异性，但是你仍然有一些优点，使异性喜欢跟你在一起。你应该是一个很真诚的人，而且对事物有独特的眼光。在你的朋友眼中，你是一个很友善的人。

答案D

哦呜！你并不吸引异性。

你并没有十分渊博的知识，也没有什么特别的人格特质。对异性来说，你显得过于粗陋，所以你并不受异性的欢迎。

6种最吸引男人的女孩

女友型

有一种女孩。说不上有多漂亮，但她们身上有一种特殊的气质，可以在婚后七八年和丈夫上街，仍被人看做是那个男人的“女朋友”。此类女孩最吸引有浪漫气质、把爱情看得比面包重的男孩。

成熟型

有一种女孩刚一成熟就女人味十足，精明干练。谙熟人事，浑身上下充满诱惑。虽说此类女人可能是大多数男人的梦中情人，但最有可能和她“擦”出火花的是那种历经沧桑、阅人无数的成熟男人，他们在打拼天下时最需要这样的红颜知己。

姐姐型

喜欢像姐姐一样关心男生的女孩子人缘很好。她们可能和以下两类男人结合：一类是比她小几岁（或同岁，但心理年龄甚小）的男孩，她可以帮助“小丈夫”在事业上成功；另一类是比“姐姐”还成熟的男人。“姐姐”在众人面前扮“成熟”，回家后撒娇撒得一塌糊涂。

小精豆型

小精豆型女孩让许多自恃成熟貌美的女人掉以轻心，以为她们个子小头发短，笑起来天真烂漫，是介乎于小男孩和小女孩之间的中性人，其实，她们最有可能俘获年轻英俊的白马王子。

乖乖女型

长长的头发，细白的皮肤，笑起来眼睛弯弯。乖乖女是所有刚过青春期的大男孩心中最想要的女孩，她们不那么“女人”，让大男孩没有压力，不那么世俗，和大男孩的幻想刚好吻合。可惜的是，乖乖女最中意的男人往往是胡子拉碴的“酷”家伙。阴阳平衡嘛。

素面朝天型

从不化妆的女孩既不会美得惊人，也不会丑得吓人。她们往往平淡、平常。有一种男人特别喜欢素面朝天的女孩，认为在“喧嚣嘈杂的都市难找一张这么干净的脸”。这种男人心地纯净，有点完美主义。

星座男孩喜欢的女孩

♥白羊座的男孩喜欢性格爽朗、态度积极、言语直率并具有吸引力的女孩。一个能使他情绪高涨的女孩当然更好！

♥安闲自在的金牛座男孩喜欢能听取自己的意见，并能适时给他鼓励或安慰的女孩。那种随传随到的女孩他喜欢！

♥灵敏利落的双子座男孩碰到慢半拍的女孩就没辙了。他喜欢的是那种话题丰富，一打开话匣子就聊个没完的女孩。

♥即使沉默不言，也能了解自己心情的女孩，是巨蟹座男孩的最爱。烹饪、裁缝都很擅长的良家妇女型女孩，最令他心动！

♥予人印象强烈、拥有自信风采的女孩本身极具主观意识。也只有这种女孩最能让狮子座臣服，她的女强人作风在狮子座男孩的心中极具吸引力！

♥整洁干净的清秀女孩是处女座的最爱。像身上留有淡淡的沐浴乳香，穿着烫平整齐的衣服，或携带一条干净洁白手帕的女孩最能吸引他的视线！

♥虽然天秤座男孩重视外表是不争的事实，但是他也重视一个能跟他水乳交融的女孩。一个讲话喋喋不休的女孩子是他所厌恶的类型！

♥不重视容貌及流行趋势的天蝎座男孩，喜欢说话谨慎、具有安全感的女孩。抱持敷衍的态度，或喜欢说谎的女孩，将为他所厌恶！

♥射手座男孩欣赏精神抖擞并有着强烈好奇心的女孩。这类女孩拥有旺盛的挑战精神，不会因一时失败而灰心。只要你不退缩，他永远都会支持你！

♥摩羯座男孩喜欢谦虚有礼、有传统妇女美德的女性。他似乎特别喜欢年纪比他大的女孩，他什么事都会自己处理，你只要做好自己的本分就行了！

♥最吸引水瓶座男孩的是有幽默感的女孩。最好是很会开玩笑，如果不是也要稍具幽默感，并富有独特的审美观。也就是说他喜欢有个性的女孩！

♥纯洁而富有浪漫情怀的女孩是双鱼座男孩的所爱。最好是新潮女性或是可爱得像个偶像明星，不过喜欢上年纪比他大的女性，也是他爱情路上的必经路程。

>> 第二章

男女大不同：解析男人心

◎ 在生活中，有很多男人还看不懂女人，就像看不懂抽象派的浪漫画一样。其实，女人做人和画家画画一样不容易。画家要画好一幅画，先要练好画画的基本功，继而要深入生活，最后要提炼生活进行艺术加工。女人做人也像画家画画一样，先要练好做人的基本要领，继而要融进社会，进入家庭，最后还得在社会和家庭中树立自我形象。女人为了树立良好的形象，往往付出的要比男人多得多。因而，世上就有伟大的母亲之说，世人就曾把最美好的东西比作女人。

女人如画，每个女人都是一幅优美动人的画。大凡男人都爱画。爱画，就得爱惜画的珍贵，懂得画的艺术内涵。世人，只有女人美如画，仅凭这，女人足够男人品味一辈子了。

男人的眼睛靠辐射，而女人的心靠传导。

男人追求女人，是迅猛出击，但结果往往雨过天晴；女人追求男人，则缓慢渗透，却可以滴水穿石。

男人考验女人的办法是远走高飞，女人考验男人的办法是约会迟到。

男人喜欢放出诱饵垂钓爱情，女人喜欢不惜血本守望爱情。

男人恋爱后变得可怜巴巴，女人恋爱后变得神经兮兮。

男人恋爱期间渴望女人裸露身体，女人恋爱期间渴望男人裸露心灵。

男人的甜言蜜语，是使女人投入怀抱的“杀手锏”；女人美丽的面容，是使男人拜倒的“迷魂汤”。

男人恋爱希望把复杂的过程弄简单，女人恋爱喜欢将简单的事情弄复杂。

男人无情地把初恋情人当做一次性饮料，满足渴望后毫不吝啬地扔掉；女人深情地把初恋情人当做哺育成人的乳汁，一辈子品尝他的回味。

男人选择女人，目光瞄准脸蛋；女人选择男人，心思放在钱包。

男人恋爱是因为无事可做，女人恋爱是因为好奇心驱使，结果是男人烦恼女人失望。

男人希望女友经历越少越好，女人却希望男友经历越多越好。

男人希望做女人的初恋情人，女人却想成为男人的最后情人。

男人像陈酿老酒，随时间推移越发珍贵，而女人像鲜嫩的牛奶，保值期很短。男人越老越可爱，女人珠黄无风采。

太美丽的女人让男人失去欲望，而太有钱的男人让女人缺乏安全感。

男人获取了爱情却觉得很累，女人失去了爱情会觉得很空。

男人怕别人说小，女人怕别人说老。

男人用故作深沉来掩饰自己的内容，女人用耐心化妆来掩饰自己的面容。

男人的青春表示一种肤浅，而女人的青春标志一种价值。

男人吻女人是一种回收的贷款，女人吻男人是一笔放出去的投资。

男人的深沉是一座空房，女人的温柔是一个陷阱。

男人喜欢夸耀他的勇敢追求，女人喜欢夸耀她的理智回绝。

男人流泪人们会认为软弱，女人流泪人们会产生怜悯。

男人的多情是一种乐趣，女人的多情是一种堕落。

男人渴望向女人倾诉苦衷，女人却愿意听男人炫耀成功。

在语言上，男人像个容器，女人像个漏斗；在生活上，男人却像个漏斗，女人像个容器。

男人的爱像洒下的露珠，每一颗都是完整的存在，又都不是存在的全部，经不起阳光的照耀；而女人的爱却像碎了瓶的啤酒，倾撒在地上，月光下发出持久的麦香。

男人对女人的感情比股市变得还勤，女人对男人的期望比物价涨得还快。

男人是女人的价格，女人是男人的商标。

男人的通行证是能力，女人的通行证是面容。

男人希望恋爱一步到家，女人希望恋爱总在路上。

男人恋爱会变得坚强，女人恋爱会变得更娇弱。

男人恋爱是因为轻率出击，女人恋爱是因为躲闪不及。

男人恋爱容易远视，女人恋爱容易近视。

恋爱中男人改掉了说脏话，女人学会了说梦话。

恋爱中的男人什么诺都敢许，女人什么东西都敢要。

恋爱中的男人是女人的整个世界，女人是男人的一个月亮。

恋爱中的男人的个性是多余的，女人的头脑是多余的。

恋爱中的男人是女人的钱包，女人是男人的影子。

恋爱中的男人忘我得投入，女人投入得忘我。

恋爱中的男人在花开时就盼着结果，女人却在花季里想到落叶。

恋爱中男人常在拧开了龙头后才发现没有水流，女人常在建筑了高楼后才发现没有基石。

男人失恋后留下的是老茧，而女人失恋后留下的是伤口。

男人追求女人结果在一刻，女人追求男人结果在一生。

男人意识到自己的才能是女人的幸福，女人意识到自己的美丽是男人的悲哀。

男人温柔时充满渴望，女人温柔时充满幻想。

男人恋爱时意味着丰富并走向成熟，女人恋爱时意味着单纯并滑向深渊。

男人恋爱像走入地下室，女人恋爱像走进大自然。

男人的爱情像闲暇时的散步，女人的爱情像丢失钥匙后的寻找。

男人恋爱时对对方无所祈求，女人恋爱时对对方无所不求。

如此看来，男女的差别真的很大、很大……

男人，女人，爱情

古人说，男人是天，女人是地，就像天空笼罩着大地，男人永远主导女人的世界。现在呢？女人依靠男人，男人瞧不起，说女人贪婪，市侩。女人比男人强，男人心里面又接受不了，生怕老婆的气势压倒自己，以后在家里抬不起头。于是男人开始学会堕落，去花天酒地，以为这样可以刺激女人。“哼哼，你不是很强吗？你拥有一切，可你得不到温暖。”精明能干的女人往往不被宠爱。

男人总说“做人累，做男人更累，做个好男人是累上加累。”男人要赢得世界，要挣钱要养家，要有事业，要有地位。

可是，女人不累吗？在家从父，要做个听话懂事的好女儿；出嫁从夫，要做个贤良淑德的好妻子；夫死从子，要做个宽厚温柔的好妈妈。一天一天，一月一月，一年一年，人老了，珠黄了，被嫌弃了。

《大话西游》实在是个经典的电影。我是说，如果你把它看成是一部剧情片，而不是搞笑片的话。片子里的女人永远都是那么敢爱敢恨，从不拖泥带水，玩暧昧。白晶晶爱上齐天大圣；春三十娘为了二当家的

被锁在盘丝洞里；香香被悟净打了几巴掌，终于知道了什么叫男子气概；铁扇公主发怒的原因不是老公牛魔王讨了小妾，而是情人孙悟空终于不再理她。而紫霞，那个憧憬着盖世英雄的女孩子，那个会在别人心里留下一滴泪的小小灯芯，无疑是其中最痴的一个。“我的意中人是个盖世英雄，有一天他会踩着七色的云彩来娶我。我猜中了开头，可我猜不中这结局……”

女人的爱情就如紫霞的选择，盲目而且执著，以至于紫霞可以完全抛开自己的理智，随便寻找一个理由，追随自己的感觉。而遗憾的是，这种感性的思维方式往往是理性的男人所不能理解的。紫霞不会说出，她因为至尊宝拔出了自己的宝剑而爱上了他，她宁愿编出一个“这段缘分是上天安排的”这样一个在男人看来更加荒谬和牵强的理由。不管是哪一个理由，不充足的理由尽头，是男人得以为日后的自欺欺人留下的推脱余地，是的，你因为什么爱上了我？让我告诉你，拔出那把宝剑，只是我的无心之过。

紫霞式的爱情永远有着绚丽和不顾后果的悲壮，也永远有最笨的女人，不断重蹈覆辙。

是的，女人很笨，女人把爱情当做血液，男人把爱情当口水。人若没了口水，是很不舒服、很不方便的一件事，而没了血液，人就活不成了。

男人和女人的区别在于，男人永远需要一个正当的理由，男人永远要在责任和爱情里选择，而女人不需要。女人为爱而活，爱情大过天，男人所谓的责任对女人来说往往是一种折磨。

为什么女人耍性子要豪宅、要衣服、要你低声下气？那是因为她不爱。当一个女人不爱的时候，她需要很多很多的物质以及别的东西来给自己安慰和安全感，来抵消她没有爱情的不平衡。可是一旦她爱上了，她会不顾一切，会放弃所有的原则，反过来对你低声下气，会放弃事业，放弃很多很多。可是这样盛大华丽的爱，这样子飞蛾扑火般的投入，有些男人却承受不了了。而愿意承受的男人却往往不是我们想要的。

也许是因为女人天生的悲剧意识、牺牲意识和男人的英雄主义作祟吧，男人和女人在对待感情上永远不一样。男人的顾虑太多，他们心里的天平不停地摇摆。男人的身心、灵肉是分开的，他可以心里想着一个，怀里抱着另一个。可是女人不行，只要她还在爱，她无法和自己不喜欢的男人拥抱。

男人是自私自负的动物，男人是孩子。男人不懂女人，因为男人不了解爱情。

男人说："我对你这么好，你有什么不满足?!"呵呵，你错了，男人永远不知道女人要的是什么。如果你给的不是我想要的，那么一切都等于零。我不要华美的衣服，我不要你的甜言蜜语，我不要珠宝钱财。我要和你心意相通，我要你知道我在想你，我要的是一种感觉，那样子，我可以跟你海角天涯义无反顾。

男人说："爱我就等我吧，爱我就要容忍我的一切。"想一想，女人的青春有几年？经得起几度等待？往往等到最后不是一场空就是心死了，麻木了，不爱了。是的，我爱你。可是你没有给我爱你的勇气，当我爱到不能爱，等到不能等的时候，我只能离开，即使我还是爱你。女人说："我再也不会这样子爱一个人。即使那个人，是你。"

男人低着头说："我是爱你的，可是我不想伤害她……""我看她很可怜，于是抱了她……"呵呵，你以为你是英雄吗？你以为你很绅士吗？错了！这叫滥情。如果你没有爱人就算了，如果有，这是对她莫大的伤害，这是对感情的背叛。你给她一个拥抱，你管得了一辈子吗？管不了的话就不要多此一举了。

男人哭着说：“我错了，不要离开我。我爱的是你，我只是不想伤害她……”是的，你爱我，你宁愿伤害我也不愿意伤害她。女人在爱情里是有洁癖的。所以《中国式离婚》里绢子无法忍受丈夫的出轨，于是离婚。他们相爱，但是他碰过别的女人，她受不了。

女人爱一个男人有时候会像对孩子一样，包容他的大大咧咧、他的糊涂，她把缺点看作可爱的地方。可是你不可以背叛，不可以忽视女人的感受。男人或许是理性的，理性到有太多顾忌，女人是感性的。于是紧要关头，女人的本能反应使她坚强，而男人往往是懦弱的。男人的压力大了，于是神经越发脆弱。男人不会心疼女人了，于是女人坚强了，自立了，这时候男人更不勇敢了。

女人是寂寞的，男人是孤独的，爱情是泛滥的，这个世界怎么了？

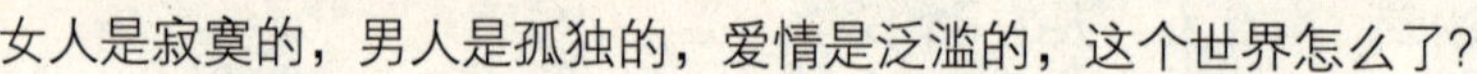

男人永远说：“对不起，让你动心不是我的错。”

男人的心思你得猜

中国有句老话："女人心，海底针"，其实男人心又何尝不是如此呢？男人们更加不擅表达感情，总是用厚厚的面具来伪装自己。男人心，更看不清。男人跟女人，有多少次是因为不能了解对方的心意而劳燕分飞的呢？所以，对于女人来说，为了彼此的生活更和谐，男人的心思你还真得猜。所谓知己知彼，百战不殆。只有了解了男人的心理，女人才能更好地经营双方关系，未婚的恋人才能让爱情之树常青，早日修成正果；已婚的夫妻也可以让婚姻关系更巩固，生活更甜蜜。

女人是胆怯的，不确定的，她们需要男人对爱情的肯定。女人很需要安全感和认同感。然而不是每个男人都懂得表达感受的。特别是中国的男人，太过含蓄、内敛，无论他是爱你还是对你不满，大多时候他都会放在心里不说，你也不知道他对你到底啥意思，不明白他到底是啥想法。这男人到底是啥心思呢？以下，就是男人的几种小小心思：

大部分男人还是中意那些有女人味、女性化明显的女人

无论是男孩还是男人，他们都认为，作为女人一定要尽量温柔。就

像是那个著名的笑话："所谓完美人生就是请英国管家，吃中国菜，娶日本老婆。"日本的女人之所以被当做是贤妻良母的典型，可能就是因为她们的温柔吧。

男人最怕的，是那些大吵大闹，动不动就扔东西或玩出走，一哭二闹三上吊的女人

因为男人的耐心毕竟是有限的，他们有事业，有各种各样的社会责任。在单位劳累了一天，回到家却还要面对一个泼妇似的妻子，久而久之，男人就会对家庭产生厌倦感。这时，如果男人恰好是个事业成功人士，身边美女不少，这些美女中恰恰又不乏温柔可人的，那这个家庭的危机，也就在所难免了。

所以说，女人不能总是得理不饶人，要宽容，才能抓住男人的心。当然这样的宽容，可并不等于完全的纵容。怎么把握这个"度"，是女人一生都要研究的课题。

男人需要女人有幽默感，性格活泼、开朗

没人愿意整天对着一张阴沉沉的脸，男人更是如此。都说女人像花，可这世上哪儿有怒气冲冲的花儿呢?

有的女人心里总犯嘀咕："既要让我温柔，性格还得开朗，这不是让我左右为难么?"可爱的女人们，一定要搞清楚，活泼开朗跟温柔是并不矛盾的。活泼开朗是指女人的个性而言，巧笑倩兮，妙语连珠，不随便耍脾气，总是笑脸迎人，这样的女人，哪个男人不愿意同她交往

呢？而温柔，则是女人做事的方式，是心里总能顾及到他人的一颗慈悲心，是女人天性里带来的善良。

男人需要女人善于倾听

你得承认，做男人的确是很累的。这个社会赋予男人的责任有很多，事业，家庭等，男人渴望有人能分担他们心里的压力。可这些心里话跟谁说呢？其他男人？当然是NO！所谓红颜知己，男人在郁闷的时候，最需要身边有一个善解人意的女人啊。

当这样一个男人向你倾诉时，不要毫无反应。你可以不说任何话，但你一定要注视着他，并时不时地点头示意你完全明白他的意思，而且能够理解他的感受，否则，会令男人很烦躁。

男人希望女人能包容

男人最厌烦的，可能就是不懂得包容，小肚鸡肠的女人了。这样的女人，总是在吵架的时候翻出八百年前的旧账，或者一开口就说男人“我不明白你为什么要这样做”，又或者放马后炮说“当初我叫你不要这样做”。女人不要轻易指责男人这里错、那里错。在男人遇挫折时，其实他们要得不多，只需要女人的一个拥抱，说声“不要紧”。

增加生活情趣，双方经常拥抱，晚上一起散步

有句俗语：“握住老婆的手，好像左手握右手。”恋爱或者结婚久了，每日吃喝拉撒都在一个屋檐下，两个人不再有神秘感，难免会产生左手握右手的感觉。记得李敖谈到为何与胡茵梦离婚时，是这么说的：

“有一天早晨，我发现胡蹲在马桶上，因为便秘而憋得满脸通红、表情狰狞的时候，对她就再也提不起兴趣了。”

其实，这是个在所难免的难题。夫妻两个睡在同一张床上，一天两天会心情激动，十年二十年以后要再激动就才怪了。正因为如此，婚外情才会如此流行。

可是，生活中也不乏几十年如一日相敬如宾、相亲相爱的夫妻。他们能够如此的原因，就是懂得在平凡平淡的生活中寻找情趣。偶尔下班后，丈夫给妻子献上一束鲜花；丈夫劳累时，妻子给丈夫揉揉肩膀；假日里，两个人携手出游，在空气清新的草地上野餐，仿佛又回到了恋爱的年代。这些，看似小事，其实是恋人的感情保鲜的秘方。

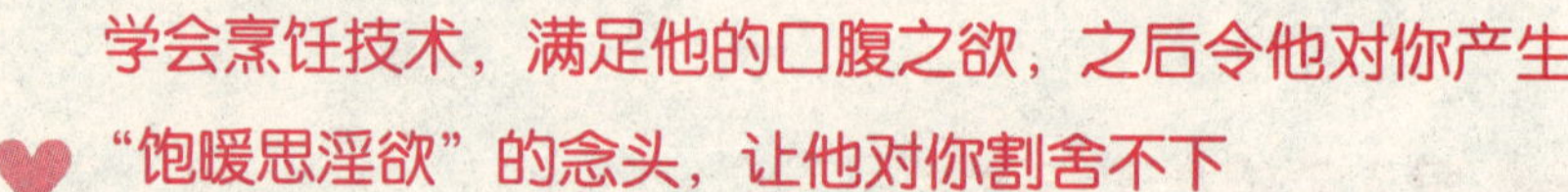

学会烹饪技术，满足他的口腹之欲，之后令他对你产生“饱暖思淫欲”的念头，让他对你割舍不下

俗话说，想抓住男人，首先要抓住他的胃。食色，性也。食跟色，从来都是不能分开的，是人类最不能割舍的两个本能。曾经看过多少故事，它们的结尾，都是出轨的男主角在吃了女主角做的最后一顿晚餐以后，借着熟悉的食物的味道想起了过去的种种，最后幡然悔悟，两人重归旧好。又有多少故事，是发生在男主角对不会做饭的妻子不满，认为这样不像个家，然后去寻找“家的感觉”之后呢？

所以，女人可以不做饭，但绝对不可以不会做饭。

不要总让男人为你付出，包括感情上的、物质上的

过犹不及，凡事总要有个度。男人不是超人，他提供不了超出常态的爱情。经济学上“理性人”的假设，同样也适用于现实生活。

一份永远没有回报的付出，换了你，你会去做吗？

男人渴望什么样的女人

男人渴望的东西其实很简单，每个女人都能提供，单看做与不做而已。

男人在肝胆相照的兄弟间寻得了自己身为一个人的骄傲，然而他同时也需要女人告诉他，他不仅是个顶天立地的大丈夫，同时也是纤细敏感、柔情似水的血肉之躯。

当男人不能自伴侣处寻得认可时，只有遁入梦中寻求安慰，或轻易接受其他女人的温柔，这时，你俩的关系就岌岌可危了。

认可二字对女人而言并不陌生，市面上多的是教女人不要一味追求男人的认可的书籍。事实上男人也需要女人的认可，只因男人不作兴撒娇，而在有泪不可轻弹的教诲下，这需求被掩盖在英挺坚强的外表下不为人知。

认可不是简简单单的两个字，它包括肯定、宽恕、妥协、称赞、信任、合作与承诺。这7个方面缺一不可。

肯定是安全感的来源，借由你的肯定，你的伴侣得以明白他是个值得爱的男人，然而肯定并不只是终日挂在口中千篇一律了无新意的甜言蜜语，你必须身体力行地走入他的生活，尝试着了解他的工作，他的喜好，他的一切。

如果他打篮球，抽个空到球场去欣赏他的英姿，为他加油打气；如果他爱在周末打个小牌，不妨烧桌好菜宴请他的牌友们，以牌会友；如果他爱读书，和他读一样的书，同他讨论。

这工作最好每天都做，但也无需日日宣读一篇肯定宣言，你的态度应处处流露出对他的执著，向他证明他是你一生的选择。

你要带着一颗玲珑剔透的心走入他的生活，彻底了解他。你寻求他的关心，期望他聆听你，但也别忘了他也同样等待着你的关心，你的聆听。

专心地倾听他向你叙述的每件事，不要嗔怪他对一件事不能停止地念叨，你要了解那件事对他的重要性，并且以与他同样认真庄重的心情去看待他。不时地提醒自己他吸引你的地方，把他的优点列成一张表，但别留着这张表，每一次想起时，都要重新思索，时刻记着他的好。

用小小的动作来表达你的体贴和关爱，看报时把财经报递给他，适时地为他冲杯咖啡，都是很好的方式。

肯定意味着永远不忘伴侣的优点。宽恕则是忽视他的缺点和错误。

女人是天生的珠宝雕琢家，她们不能忍受璞玉的光华遭到埋没。她们能够接受男人的不完美，但却在心中拟定了一套天衣无缝的改革计划，矢志将不完美的璞玉雕琢成无懈可击的宝石。

由于女人向来不向男人事先宣告她的改革计划，而男人也一向相信女人爱上的正是他原本的面貌，于是一旦改革计划付诸实施，男人不免又惊又气，觉得原本甜蜜的感情发生变局，他的伴侣不再如从前可爱温柔。

世界上有些事难以更改，有些习惯难以革除，这是天经地义的事，你的他若是过分沉迷于杯中物或是从不踏进浴室，你确实可以稍事劝说，但他若仅是没有收拾衣物的习惯，你也犯不着拿他当个3岁孩子，跟进跟出地唠唠叨叨。

如何劝说对方改变是门学问。一味地唠叨，反复地重述要求会破坏双方的关系，情绪化的恶言相向更会降低他的自我价值感。试着向他描述你的感觉，告诉他为什么期望他改变。试着去贴近他的心，了解他愿意做多大的改变，尽你所能地协助他。

在要求对方改变的同时，也试着要求自己会原谅。所谓原谅，并不是不去计较一再的过错，而是永远接纳他的存在。

原谅不是容忍，是接纳。你或许希望你的伴侣少花点时间看电视，多花点时间与你温存，然而即使改变不成功，你仍应乐于保持现状，因为你珍视你们的关系。

有很多时候，所谓过错并非过错，缺点也不是缺点，它们只是个性上的特质罢了，没有了这些特质，你的男人或许就失去了他的魅力了！

在任何两人关系中，妥协都是不可或缺的要素。梦幻中的情人或许从不需要商量的过程，而永远如影随形。现实生活中，毕竟男女有别，喜好不可能完全相同，这就得要动用妥协的功夫了。无论是何种形式的妥协，最要紧的是要让对方了解你的感受。有些人一味让步，却无法掩饰自己心中的厌恶，于是当身边伴着一个满脸不悦的老婆，男人终因无法尽情享受两性关系而败兴。也有些人对自己不感兴趣的事物大力反对，反而平白丧失了一个可能十分有趣的尝试。

男人或许不知道自己好在哪里，但却绝对清楚自己欠缺了什么，因而不着边际的谄媚并不能达到任何效果，但发自内心的称赞却能给男人莫大的鼓舞。

所有能够表现男人阳刚味的特质，诸如体力、勇气等都令男人引以为傲，偶尔请他换灯泡，搬东西，都是对他的一种恭维，不过若是能够注意到他纤细聪明的一面而加以称赞，也没有什么不好。大部分的男人不惯于接受赞美，因此当你赞扬你的伴侣，他却皱起眉头时，别惊慌，那未必代表不悦，很多时候只是不知所措的腼腆罢了。

你并不需要刻意地制造机会称赞他，爱他的哪一点，就称赞他的哪一点，他尽管没有潘安之貌，只要你告诉他，他的哪一点与众不同，令你心醉神迷，他这一生都将相信那是千金难买的无价之宝。

若是有机会在众人面前褒扬他，切莫错失良机，纵使他没有在场，这种话最终也会传入他的耳中。同样的道理，你不可仗着他不在场对他大加批评，那样的后果不堪设想。

所谓信任，不单只是向对方吐露自己的秘密，更不是卸下一切武装，赤裸裸地揭露自己的脆弱与伤痕或是不忧不惧无怨无悔地将重大责任托付给对方。

信任事实上等同于赞美，意味着被信任的是一个与众不同，意义非凡的个体。当你向一个男人寻求帮助、劝告或安慰时，他因受到信任而觉察到自己的被需要，因而得到认可，梦幻中的女子能够分担他的苦处，却没有自己的烦恼可倾吐。展露脆弱的一面或许难堪，但也能有意

想不到的收获。

合作二字意味着两人齐心协力，是认可方式中最积极的。合作并不局限于共同从事一项工作，善意的沟通，适时的让步，也都是合作的表现。你未必需要担任他的军师，为他运筹帷幄，但你可以为他处理一些周边的小事，整理数据，收集情报，齐心协力创出属于你们的一片天空。

对一段感情许下承诺，是认可的终极表现。承诺并非空口说白话。对婚姻许下承诺，便要从此同甘苦、死生与共，困顿颠沛也不动摇。

每天，想着你的他，确定着自己对他的爱依然真挚，给他支持鼓励，用心经营这段感情，誓言自己如何真心诚意地许下承诺。

你不需每天向他复述你对他挚爱不渝，但只要你心中时时刻刻记着你的承诺，你所做的每一件事，都将是对他最好的认可。

男人身边只有四种情人

很多男人都梦想着有一个情人，形形色色的男人身边也有着形形色色的情人，但你若一定神，在女人中细细看来，其实情人只有四种：一种是得到了她你就得到了痛苦；一种是得到了她你就得到了幸福；一种是你从来也不曾得到过她；一种是你得到了她什么感觉都没有了。那么，这究竟是哪四种情人呢?

第一种情人：陆小曼

这是个美丽而充满才气的女人，她的衣袖里散发着让男人陶醉的暗香，她的眼角堆积着让男人痴迷的深情，她手指轻弹的方向就是男人最浓烈的梦想。她深深地迷住了诗人徐志摩，他全然不顾自己有妻子而小曼也有丈夫，疯狂地爱上了这个他心中的女神。因此，这段风花雪月的故事成就了两段佳话：陆小曼那位西点军校毕业、贵为哈尔滨警察厅长的丈夫王赓大度地与她离了婚，成全了这对佳人，这在武力决定一切的军阀时代，实属少见，于是王赓成了一位可圈可点的男人；另一段佳话就是陆小曼给徐志摩带来了无穷的灵感，让他写出了许多美妙的诗篇。

然而把爱情看成了写诗，那诗歌就不会只是一首。陆小曼的浪漫主义并没有因为得到一个诗人就画上了句号。婚前的徐陆之恋达到了那个时代浪漫的顶峰，婚后的他们就注定了要从这个顶峰一点点坠落。陆小曼勃勃的情感四处洋溢，使得徐志摩陷入了痛苦的深渊。他们之间开始了村妇村夫式的打骂，最后，36岁的徐志摩在负气中登机离去，摔死了。直到这时人们才发现：徐志摩只不过是陆小曼的又一个情夫。

第二种情人：凯·萨默斯

这是个默默无闻的英国女兵，二战时盟军司令艾森豪威尔的司机。

这个小女人在战火纷飞的紧张岁月里成了艾森豪威尔的情人，给了他全身心的爱。她从来没有想要艾森豪威尔为她做些什么，甚至当艾森豪威尔的正式夫人来到军营团聚时，她仍会忠诚地为他们驾车，陪他们巡游，大大方方地做其夫人的女伴，与她合影时露出坦诚的笑容。她为艾森豪威尔服务了三年，在这三年里，艾森豪威尔以高昂的斗志领导了欧洲盟军的反法西斯斗争，在打败了纳粹德国的同时，也由一名少将晋升为五星上将。战后，艾森豪威尔又成为美国总统。此时的凯·萨默斯却已从他的生活中默默地消失，她从未提及过她和艾森豪威尔的关系，一直保持着这个秘密。直到艾森豪威尔死后，当她认为公开他们的恋情不会对艾森豪威尔有一丝一毫的伤害时，她才在身患绝症中写下了《往事难忘——我同艾森豪威尔将军的一段恋情》。她站在情人的背后注视着他耀眼的光芒，却从未想让这光芒照耀在自己身上。

第三种情人：莱温斯基

这个丰臀巨乳的女人以一条众所周知的裙子吸引了世界。她那张血盆大口让许多人疑惑：克林顿，这个美国历史上最年轻的潇洒总统何以会看得上她？答案可能只有两个元素：一具发育成熟的年轻身体和一颗处心积虑想要成名的心。

她成了克林顿的情人，尽管这种情人关系维持的时间不长，却让她迅速地震惊了美国并造成了两个长远的后果：莱温斯基成了名人，只要她稍稍回忆和克林顿的绯闻都能换回一些美元，可以说，她这一生衣食无忧了；另一个长远的后果就是克林顿不得不辛苦地演讲和写书，去偿还为这一次冲动所欠下的巨额债务，同时还将带着一个差点被性丑闻赶下台的坏名声载入史册。克林顿在斯塔尔的调查终于风平浪静后肯定会恨恨地盯着莱温斯基扭动的屁股呸一声：我还以为她真的喜欢我呢！

第四种情人：秋香

她的生平事迹不太翔实，但她的结局却是最有代表性的。

唐伯虎看上了她，费了好大的工夫才把她弄到了手。有妇之夫爱上了待字闺中的少女，在今天这是不折不扣的情人，在那时却还可以称作小老婆。事情发生得很浪漫，但结局却是从古至今变化不大的。史载有朋友到唐伯虎家做客，要求见一见号称国色天香的秋香嫂子，唐伯虎推辞不掉，就到里屋唤出秋香。客人伸长了脖子等着见一见这位让江南第一才子意乱神迷的绝世女子。门帘一挑，一个黄脸婆走了进来：衣着一般，气质一般，相貌一般。客人吓了一跳，大失所望，其心情用常说的一句话就是：我靠！不会吧！再看看唐伯虎的目光，也是漠漠然。

男人27怕：明明白白他的心

自古以来男权社会，男人义无反顾地承担起“阳刚”“坚强”“勇敢”“毅力”这些实际内容非常恐怖的词汇。事实上，随着女性社会地位的崛起和社会从工业时代发展到今天的网络科技时代，男人天生优于女性的那些条件正在飞速地丧失，男人的内心世界充满了担忧与恐惧。看似无所畏惧的男人，其实怕的东西有很多。

怕无权、无势、无钱

大丈夫不可一日无权，小丈夫不可一日无钱。男人天生控制欲强，希望当领导，希望做上司，希望受崇拜。男人的气度，多建立于他的身世、地位及胸襟之上。试想：失去冠冕的皇帝、失去战场的战士、失去球拍的健儿、失去崇拜者的偶像、失去财富的纨绔子弟……还算什么？可见，男人的魅力也是熬药似地积累的，也得靠材料和药引子，否则，它不过是一碗水。

怕自己没有谈资，不够胸怀祖国，放眼世界

他们大都喜欢看《参考消息》，看新闻联播，关心世界局势以及月亮、火星上发生的事。就连开出租车的男人，都爱有事没事跟你谈谈政治局人选，就好像他真能决定一样。

怕自己的准暴力情结无处宣泄

如果你的先生沉溺于足球或者拳击而不能自拔的时候，你应该庆幸。因为专家说：男人身上的一种叫荷尔蒙睾丸素的东西，决定了他们比女人积淀了更多的暴力、竞争和刺激情结，它们极需要渠道来宣泄，你愿意它们变成另外形式的暴力吗？

怕你批评他的父母

动辄就“你妈怎么着……”“我比你妈强多了”的妻子让丈夫望而生畏，要记住，永远不要想表现得比他妈还贤惠。

怕婚姻

他不是不需要家庭提供的方便，而是怕家庭带给他的麻烦。在他们看来，爱情的要求并不高，只要两个人懂得相爱就够了，但婚姻不同，是可以使两个人都受伤的地方，所以，只恋爱不结婚是不错的选择，既可以保证相爱的人之间的吸引力，又避免了许多麻烦。

怕人怀疑他的性能力

男人跟自己要好的女人在没上床之前，肯定像节目预告一样，先向她炫耀一番自己在那方面有多厉害。一旦有了性失败的经历，再牛再狂的男人都会谦恭一阵子。

怕动不动就哭天抹泪、多愁善感的女人

大部分男人对此只有两分钟的热情，几分钟过后，他就会想：我只想知道晚饭吃什么！

怕动辄就说“你看看人家”

除非你死心塌地要嫁给那个“人家”，否则就是自讨苦吃。

怕不厌其烦追问你到底爱不爱我，总是絮絮叨叨地和他一五一十地讨论两个人的情感关系的女人

从根本上说，男人和女人的脑部结构不同，女人的大脑中，感情中枢紧邻着语言中枢，而男人产生情感的脑部组织则是和他们的语言组织完全分开的。所以和女人常常可以很顺畅地表达感情，喜欢倾诉探究相反，男人则常常有爱说不出。专家提示：不要轻易把语言交流的多少和你们之间的亲密程度混为一谈。

怕把爱情看得超过一切、拿爱情当饭吃

说实话，爱情在大多数男人身上不过是一个插曲，是生活中的很多

事物中的一件事，当然也有很少数的男人把爱情当做世界上的头等大事，但这些人常常是些索然寡味的人。对情感有无限兴趣的女人，对这类男人一般不太看得起。

怕女人嫌他穷

对一个男人来说，这是没齿难忘的羞辱，就像一个女人永远不能原谅一个说她长得丑的男人。

怕女人嫁他只是为了他有钱

很多男人成为择偶的困难户就因为自己是有钱人。太漂亮、年轻的女孩他不敢娶，怕人家图的只是他的钱，对他本人三心二意；不好看、年龄大的吧，又觉得不甘心。

怕他一要求就轻易跟他上床的女人

也许男人会口口声声说他欣赏开放的女人，但如果很容易就跟他上床，他一定会在私下里对你失去敬意，对你抱有戒心。无论时代如何发展，男人都担心自己的妻子性感风骚而别人的妻子不是这样。

怕一旦和自己上床就托付终身的女人

一旦上床就说“从此以后我就是你的人了，你必须得对我负责”的女人，往往把自己当成一次性的消费品来自贬身价。两情相悦，一定是你甘我愿，怎么就你觉得自己蒙受了巨大损失？

怕一旦失去他就失去了全世界的女人

一旦爱了，就把自己全部交代出去的女人，把男人当成自己的全部，或许会满足男人一时的控制欲，但久了，就会乏味，女人的依赖会让他压力很大而且很烦。

怕为他当牛作马都无所谓的女人

当一个女人在一个男人的眼里是一个不用花钱的菲佣的时候，他对你的需要，就不再是爱和尊重，而只是提供的一种方便了。一个男人亲口跟我说过，他和妻子离婚就是因为她太驯服了，50公斤的米她宁可分两次搬上楼也不会请正在玩电脑的丈夫帮忙。

怕比自己挣钱多、比自己名气大的女人

其实，男人并不是真怕女人钱多，也不怕女人有本事，而是怕女人由此衍生出的傲慢和脾气。无论如何，我们的社会还是一个以男性为主体的社会，这就决定了女人要在其中占有一席之地，必须具备一些男性气质，比如：决绝、武断、自以为是、喜欢据理力争、办事不讲情面、不留余地……这是男人最受不了的东西。

怕所谓纯洁的、毫无见识和主见的女人

二十好几了还天真懵懂如花季少女。一个日常生活中不怎么愿意控制自己的男人，最怕和动辄大惊小怪的女人相处。所谓纯洁，无非两种情况：一个是她从来没有经历过什么；还有就是经历过了也跟没经历过一样。一个女人如果到了二三十岁还什么都没有经历过，那她不是白活

了吗？如果经历过了还和没经历过一样，那不是白痴吗？总之，男人怕什么都不懂的小姑娘，如果是个什么都不懂的老姑娘就更怕。

怕自认为体面的艳遇不被人知道

和什么样的女人交往，那是他的身价，是他的成就的延伸。有些男人力追某个女人，并非其美貌智慧过人，而是她的身份、所属加了分，追到她，不只征服了她，还征服了她身边的男人。

怕女人指点江山

就算你真是聪明绝顶的可靠内助，也不可以在他踌躇满志的时候指手画脚。如果他正往西走，你笃定地明白那是一条死路，那么，让他往东走的最可靠的操作手段是：我觉得你往东走一定行！

怕纠缠不清，动辄歇斯底里的女人

记得有男人哭诉自己的烦恼：他的妻子结婚以来一直不厌其烦地采取全场人盯人的方式。他的电话每5分钟就响一次，如果有事没有接成电话，一定要向“调查局”出示自己不在现场的证明。他说有一次，他正上厕所，妻子的电话吓得他把手机都掉厕所里了。女人想控制你爱的男人不是错，但若毫无节制必铸成大错。

怕同居女友告诉他：我怀孕了

如今的女人可休想再借此玩“奉子成婚”的把戏，男人听到此消息的第一反应多半是：你不是说正在安全期吗？接下来会更恶毒：你能确定是我的吗？

既怕女人太聪明又担心女人太蠢

最好是还没有聪明到可以把他的底牌一眼看穿，又没有蠢到让他觉得娶了你太不体面。

怕陪女人逛商场

男人说：不光是怕花钱，主要是怕没有目的地瞎逛，要不要的东西都摸摸看看，砍了半天的价又不要了，一件衣裳要试八百遍，你在旁边，没意见不行，有意见太中肯了又伤了人家自尊，真是怕啊！

怕没有一点羞涩和丝毫不加节制的女人

妇女解放以来，造就了很多职业女性：女白领、女博士、女教授，也造就了大批的美女，可那种女性身上天然的矜持、内敛、腼腆的气度，也随之被那些极端到大大咧咧、什么都不在乎、到哪里都是一副高高在上的架势的女人所代替，所以，有人感叹：有羞涩之心和懂节制的女人成了珍稀动物。

既想出轨又怕鱼死网破

很多女人指责男人花心、无责任感、心有旁骛，其实骨子里，居家男人所要的，不过是一点出轨、一点浪漫、一点寄托、一点意外和惊喜。他自己最希望的结果是：在什么也没有发生之前，快快收手，几方都相安无事。可偏偏总是女人不让他如愿——常常是这边先死了鱼，那边又撕了网。

你知道男人最怕女人什么？不够宽容

母亲的唠叨、情人的纠缠、妻子的管制、女儿的娇纵、女友的误解、女同事的挑剔。所以，男人期待来自女人的宽容。有了这种宽容，男人固然会沾沾自喜，但也容易安身立命，找到自己应有的位置，并且可以享受所谓的成就感。

男人需要被体谅的4种心理

男人的身心秘密是真正的秘密。揭开伤疤好像会让男人痛不欲生！没有理由去批判男人保留那些秘密，而揭开谜底只是为了给予男人更多的理解。

过去的情感经历

每个男人的过去都是一本珍藏得很好的心灵日记，也许偶尔拿出来翻翻，但绝对不会轻易与人分享，尤其是那段关于女人的章节。几乎所有的男人都有着复杂而沧桑的感情经历。在男人圈里，炫耀自己身边曾经有过的女人如何如何优秀，如何如何美丽，也是男人证明自己的特殊方式；但面对现在的女人，他们绝对不会轻易提起，因为过去的即便是再铭心刻骨也是另一个世界的事情。更何况，即便是素质涵养再高的女人也难免不会为以前的事情打破砂锅问到底，如果遇到个“醋坛子”岂不是自找苦吃？

每个人都会对身边那个最爱的人的过去产生好奇，想拥有爱人的全部，那是一种本能，爱的本能。可是一旦知道了，除了疼，还会留下什么？爱需要真诚相待，但也需要有秘密，所谓秘密，就是给“爱”一个空间，让爱情自由自在地呼吸，保持爱情的新鲜与神秘。终于，有一天，我鼓起勇气想对他说的时候，却被他阻止了，他轻轻地按住我的唇说，什么都别说，每个人都会有过去，没有过去就构不成现在，任何人都没有权利随意践踏别人的心灵绿地。倾听男人心：爱我就不要追问我的过去。

男人的虚荣心

男人都是玩家，如果一个男人喜欢飙车，又是足球场上的中锋，在女人面前的魅力会顿时大增，所以男人们总得会几样真本事，最差也得将其中的一样玩得有模有样的，这样才不至于在女人面前丢脸。所以就有了为教女朋友打网球，自己先偷偷摸摸苦练的男人。房子是带不走的，于是就有了倾其所有买香车招摇撞骗的男人，实在不行借一辆或租一天也能满足他们不少的虚荣心。

中学时代读莫泊桑的《项链》，那个爱慕虚荣的公务员的妻子，为了一串项链付出了十年的苦役。那时以为虚荣是女人的专利。成长后才知道，其实男人比女人更爱慕虚荣。女人的虚荣是表面的，一串项链就可以让女人的虚荣心得到满足，男人的虚荣是骨子里的。

男人的性焦虑

一种说法认为，男人每6分钟就会产生一次性幻想，只有在他正忙着那事儿时才不会再想到它。在对每6分钟想一回连续想了6天之后，男人就开始需要为此做点什么了，但男人对性的焦虑没几个女人会知道。许多男人在他们还没有机会一试锋芒以前，都曾在心里嘀咕过那玩意儿

一旦勃起究竟能有多大？他们不断地宽慰自己说尺寸的大小不是关键，“不在于它的大小，而在于你如何使用它”。但事实上，大小的问题始终困扰着他们。除此以外，男人害怕床上功夫比他花哨的女人，这种比试会让他害怕，当男人不行的时候，最怕女人说：“你有病啊？”至于什么前列腺炎、阳痿、早泄、失眠、肾亏、心悸、痔疮等，都是男人所不敢面对的恶名。

在现在的生活中，男人特别是中年的男人肾虚好像是很普遍的事。女人的眼泪是金，当一个女人诉说自己的另一半不行时，人们都会很同情。与之相对照的，男人不行那似乎犯下了不可宽恕之罪，得到的不是什么同情，是同类的不屑，也是异性眼中的怪物。

男人的儿童心理

女人心目中理想的高仓健式的硬汉形象，让男人学会了有泪不轻弹，所以男人从小就养成了否定自己情感的习惯，认为流露太多的儿女情长是软弱的表现。如果有日本人遇到生意失败或是澳大利亚内阁解散而哭鼻子之类的事情发生，那一定是立刻见报的头条消息。因此男人患忧郁症的人数比女人多，自杀率更是高过女人。

每个男人或多或少都有恋母情结，尤其体现在那些小时候缺乏母爱的男人身上，他们常常会在夜深人静的时候，依偎在心爱女人怀里，当然这种情结不会到处泛滥，他面前的女人一定是他最爱最值得信赖的女人，因为只有在他心爱的女人面前，他才会觉得是安全的。

男人也撒娇，新鲜吗？其实这已经是生活中经常上演的“剧目”，只是男人们顾及自己“强者”的面子不愿公开罢了。可既然女人可以是强者，男人为什么不可以是“弱者”？这个社会越来越丰富，越来越包容了，何必厚此薄彼呢？让男人一直绷着充当坚强的化身，多累呀！即使他们自己能扛，难道你就不心疼吗？

男人是容易把握的，无论有多少假象，只要你爱他，就能从他背后那个无限的隐秘世界找到他的法门。

从男人笑声看男人

呵呵：中庸的笑声，仿佛给人莫测高深的感觉。你搞不清楚他是喜？是悲？是怒？是乐？男人不是在笑，只是在利用一种声音的工具。这样的男人最会敷衍女人。

嘻嘻：滑稽的笑声，却是很快活。这样的男人有些天真，也许不那么懂女人，却是真性情，只这一点便是可爱。

哈哈：多么男人的笑声，却属于两种极端的性格。他可能酷爱生活，抱负远大，开朗如蓝天；但也有可能极度变态，玩世不恭，极具破坏力。

嘿嘿：可爱的坏笑，透露出男人潜意识里撒娇的性格。如果男人向女人嘿嘿了，说明他呼唤着一种母性的爱，不过往往他也是想利用女人的母性关怀达到“坏坏”的目的。

霍霍：卡通又委琐的笑声。女人往往不能想象男人何以这样笑，像一只正在槽里抢食的猪，没时间笑，只好仓促地挤出一声，霍霍。

>> 第三章

让他在一瞬间爱上你：做个第一眼美女

◎ 美丽对于女人来说是一种永恒的诱惑，在这个世界上，所有漂亮和不漂亮的女人的名字都叫“美丽”。倘若这世界只允许女人们爱一种东西，不用举行民意测验，铁定的90%以上的女人都会选择美丽。

为了美丽而拼命的女人有一种很悲壮的勇敢，看着她们那副一想到美丽就视死如归的模样，很容易让人误解为美丽对于女人无异于是一种自虐的残忍。有时候哪怕是已经很漂亮的女人，对美丽依然怀有想更美丽一些的强烈欲望。因而在美丽中，女人一直都是一个很挑剔很用心的专家，这一点可以从女人们种种美丽的故事中得到证明。也正因为那对美丽的挑剔和用心，却物极必反出许多“美丽”得让人只看一眼就够的“新新女人”。

丧失了女人味的女人，是一种每时每刻都能让人窒息的女人。尽管以貌取人是人类的陋习，千百年来一直为“有识之士”所摒弃，可对于吃饭穿衣睡觉、上班下班的凡人、俗人来说，在许多时候，对女人之美丽总保持着那样一种顽固：“最难消受美人恩”。这个“美人恩”，便是男人眼中女人的水性，女人的娇羞，女人之所以为女人的温柔，女人敢于、善于为女人的女人味！不管你是白领还是蓝领，待字闺中也好，初为人妻也罢，作为女人的你：永远不要大大咧咧，风风火火。要记住，凡事有尺度；矜持，永远是最高品位。

外表漂亮的女人不一定有味，有味的女人却一定很美。因为她懂得“万绿丛中一点红，动人春色不须多”的规则，具有以少胜多的智慧；凭借一举一动、一言一语、一颦一笑之优势，尽现至善至美。前卫不是女人味，切不要以为穿上件古怪的服装就有味了。当然这也是味，但却是“怪味”。

有钱的女人不一定有女人味。这样的女人铜臭有余而情调不足，情调不足则索然无味。

女人味，如果叫你真正说出其味道的内涵，大多又很难说清楚。而说不清，正是女人的娴静之味、淑然之气也。音乐是女人，女人就是音乐。音乐给女人以憧憬、幻想、回忆。音乐的暗示就是给女人生命的暗示。爱听音乐的女人能得到男人的欢心，因为这样的女人具有典雅的气质。

女人就像春天，美丽的衣饰就像春天里的鲜花。春天没有鲜花不是春天，女人没有漂亮的衣饰就不是女人。男人嘴上说只是爱女人本身，其实有部分爱是隐藏到色彩中去了，爱打扮的女人最懂得男人心理。爱艺术的女人，令人感到浪漫。这种浪漫不是卖笑调情，不像爱艺术的男人都有点附庸风雅。她主要表现在生活、工作、爱情上，也比较自重自尊，不容易失去属于自己的原则，在爱情世界中也不易被低俗的男人所骗。

健美留得住美丽，爱健美的女人在持之以恒和运动精神促使下，变得美丽和自信，将成为美丽的天使，幸福的宠儿。她可以无愧地说："太阳每天都是新的。"这种自信使她充满活力，工作如意，容易得到上司和同事的喜爱。

美人总是与花连在一起，花即是美人，美人即是花。对女人来说，爱花就是爱自己。在爱花女人的眼里，人生总是美的。许多男人当然偏爱如花的女人，想想，哪个男人不愿成为护花使者呢?

的确,世界的一半属于男人，一半属于女人。而女人的半边天却是世界美丽的风景，要欣赏风景，就要诚心诚意地把握方向，像行船的舵手一样来不得半点的偏心，否则就会触礁、翻船。女人的魅力如春风、夏雨、秋果、冬阳，于己于人受益无穷。

【水嫩美人：肌肤保养秘诀】

每天8个一，塑造完美女人

♥早晚各一杯白开水。早上的一杯可以清洁肠道，补充夜间失去的水分；晚上的一杯则能保证一夜之间血液不至于因缺水而过于黏稠。血液黏稠会加快大脑的缺氧、色素的沉积，使衰老提前来临。因此，每晚饮水的作用不能低估。

♥一片多种维生素复合片。在现代女性中，为了减肥而节食的女性比比皆是，这就难以保证身体获得充足的营养。因此，每天补充必需的维生素和微量元素，是现代丽人保健之必需。如果年龄超过30岁，为了延缓衰老的到来，维生素C、E是必须补充的。

♥一杯醋。女人还是有点“醋意”的好。每日三餐中食用醋可以延缓血管的硬化，这已经是重复多次的保健常识了。

♥一袋鲜奶。这是用来补钙的，同时还可为美容提供帮助。因为牛奶就是最便宜、最有效的美容面膜。

♥一瓶矿泉水。一定要选名副其实的矿泉水，它含有的微量元素和矿物质是身体非常需要的。

♥一杯茶。女人是一定要喝茶的，如果胃没有毛病，绿茶和乌龙茶最好。特别是那些想要减肥的女性，茶是最天然、最有效的减肥剂，再没有什么比茶叶更能消除肠道脂肪的了。

♥一个西红柿或一片维生素C泡腾片。在水果和蔬菜中，西红柿是维生素C含量最高的一种，所以每天至少保证一个西红柿，可以满足一天所需的维生素C。如果工作紧张顾不上，则至少要每天喝一杯用维生素C制成的泡腾片饮品。

♥一个补水面膜。每天晚上临睡前，要做一个简单的面膜，补水面膜可以每天做，然后涂上护肤品，这样晚间的皮肤才能得到最科学的修复。

7招高效细致毛孔

1. 冰敷：把冰过的化妆水用化妆棉沾湿，敷在脸上或毛孔粗大的地方，可以起到不错的收敛效果。

2. 毛巾冷敷：把干净的专用小毛巾放在冰箱里，洗完脸后，用冰毛巾轻敷在脸上几秒钟。

3. 用水果敷脸：西瓜皮、柠檬皮等都可以用来敷脸，它们有很好的收敛柔软毛细孔、抑制油脂分泌及美白等多重功效。

4. 柠檬汁洗脸：油性肌肤的人可以在洗脸时，在清水中滴入几滴柠檬汁，除了可收敛毛孔外，也能减少粉刺和面疱的产生。（但注意浓度不可太浓，且不可将柠檬汁直接涂抹在脸上）

5. 化妆棉+化妆水：事先准备1小瓶无油化妆水和化妆棉，一小时后，以化妆棉喷上化妆水轻拭出油的部位，对于毛孔粗大的你来说是清爽又有效的。

6. 鸡蛋橄榄油紧肤：将一个鸡蛋打散，加入半个柠檬的汁及一点点粗盐，充分搅拌均匀后，将橄榄油加入鸡蛋汁里，使二者混合均匀。平日可将此面膜储存在冰箱里，一周做1–2次就可以让肌肤紧实，改善毛孔粗大，促进皮肤的光滑细致。

7. 栗皮紧肤：取栗子的内果皮，捣成末状，与蜂蜜均匀搅拌，涂于面部，能使脸部光洁、富有弹性。

食物扫除黑眼圈

有什么便捷的秘方去除黑眼圈呢？这是我理论联系实际后，发现的简单而有效的家庭厨房小秘方，原材料十分方便就可收集到。告诉你，祛除黑眼圈，用食物来试一试。

秘方1：荸荠、莲藕渣敷眼：洗净荸荠、莲藕，荸荠刮皮，然后将莲藕、荸荠切碎。将材料放入榨汁机，再加两杯水搅拌。将水隔渣，然后用渣敷眼10分钟。莲藕及荸荠富含粉质、铁质及蛋白质，有散血去瘀作用。水可以饮用，双管齐下。临睡前敷效果最好，可以减少出黑眼圈的机会。莲藕及荸荠以胀身、皮呈光泽及实净为佳。

秘方2：土豆片敷眼：刮去土豆皮，然后清洗，切厚片约2厘米。躺卧，将土豆片敷在眼上约5分钟，再用清水洗净。土豆含粉质，可补充眼部所缺。夜晚敷更有助于消除眼睛疲累。土豆以大个的为佳，因为覆盖面较大。有芽的土豆不要用。

秘方3：苹果敷眼：将苹果切片，紧闭眼睛放在眼袋位置。等待15分钟，用蘸了水的棉花球轻拭眼睛。切开的苹果，不想被氧化，可用盐水浸住。

秘方4：柿子敷眼：切开柿子，用匙羹挖出柿肉，拌匀，敷上眼10分钟，用湿毛巾抹掉。柿子含丰富维生素C，可增强皮肤的更新能力。最好早晚敷一次。柿子以熟透为佳。

秘方5：蜂花粉、蜂皇浆敷眼：蜂花粉一茶匙+蜂皇浆一茶匙，混合后在黑眼圈位置薄薄地敷上一层。一小时后以清水洗去，每天敷一次，一星期见效。蜂皇浆含氨基酸，有漂白作用，且有促进新陈代谢之效。

【超级辣妹：好身材从何而来】

看看你离魔鬼身材有多远

从理论上讲，女性的身高与体重，四肢与躯干等部位在一定的比例下最美。专业人士在进行了大量研究后，终使美丽得以量化：

1. 上、下身比例：以肚脐为界，上下身比例应为5比8，符合“黄金分割”定律。

2. 胸围：由腋下沿胸部的上方最丰满处测量胸围，应为身高的一半。

3. 腰围：在正常情况下，量腰的最细部位。腰围较胸围小20厘米。

4. 髋围：在体前耻骨平行于臀部最大部位。髋围较胸围大4厘米。

5. 大腿围：在大腿的最上部位，臀折线下。大腿围较腰围小10厘米。

6. 小腿围：在小腿最丰满处。小腿围较大腿围小20厘米。

7. 足颈围：在足颈的最细部位。足颈围较小腿围小10厘米。

8. 上臂围：在肩关节与肘关节之间的中部。上臂围等于大腿围的一半。

9. 颈围：在颈的中部最细处。颈围与小腿围相等。

10. 肩宽：两肩峰之间的距离。肩宽等于胸围的一半减4厘米。

骨骼美在于匀称、适度。即站立时头颈、躯干和脚的纵轴在同一垂直线上；肩稍宽，头、躯干、四肢的比例以及头、颈、胸的连接适度。肌肉美在于富有弹性和协调。

过胖过瘦或肩、臀、胸部的细小无力，以及由于某种原因造成的身体某部分肌肉的过于瘦弱或过于发达，都不能称为肌肉美。

肤色美在于细腻、光泽、柔韧，摸起来有天鹅绒之感，看上去为浅玫瑰色的最佳。

瑜伽瘦身操

塑造完美侧面

作为女人不只要正面漂亮，完美的侧面同样重要。脊柱扭转式主要刺激身体两侧，使侧面的形体更加曲线必现，能明显感觉对腰两侧和背部肌肉的拉伸。该姿势的左右交替练习还可以提高身体的平衡能力。

脊柱扭转式动作要领：

A 背部挺直坐着，左腿伸直，右腿弯曲并且把右脚底放在左腿外侧的地面上，尽量把右脚后跟靠近左胯，同时身体扭向右侧。

B 右手在身体右侧伸直，手掌打开撑在地上，脖子向右侧扭转，注意整个过程中肩膀要平直。

塑造超级模特脸

《河东狮吼》中张柏芝的狮吼式，可是瘦脸的妙招哦。这个动作适宜你一个人在家做，虽然练习时很有伤大雅，却能取得瘦脸的功效，同时，能使脸部色彩更加红润。

狮吼式动作要领：

A 跪地，坐在你的双腿上，双手放于膝盖前，手臂伸直，手指打开，背部伸直，下颌略收。

B 深深吸气，然后尽量张大嘴巴，把舌头伸出来，同时睁大眼睛，并发出“啊”的巨大吼声。

保持高贵的脖颈

作为一个气质高贵的女人，修长的脖颈是必不可少的，拥有优雅的天鹅颈是提升高贵气质的关键。练习眼镜蛇式瑜伽姿势，可以锻炼颈部筋骨，修炼美颈。同时，还可以矫正扭曲的脊椎排列，并刺激身体生物能量，对于工作压力造成的心情抑郁帮助很大。

眼镜蛇式动作要领：

A 腹部紧贴地面趴下，然后用手肘、小臂和手掌按住地面。

B 保持手肘、小臂和手掌按住地面的状态，支撑起身体上半身，脖颈尽量后仰至极限，上身缓缓抬起，双眼仰望。保持这个姿势1分钟。

托起圆润的半球

东方女性的胸部一直不如西方女性那么饱满，因此塑胸是每个女人的必修课。尽管胸前合掌的瑜伽姿势通常被认为是有效的丰胸动作，但

是每个人练习瑜伽都会有不同的心得体会。其实牛面式也可以起到让胸部更挺拔、丰满的作用。

牛面式动作要领：

A 跪地，双脚向后，右腿放在左腿前，双腿交叉，两大腿相互接触；坐在两只脚后跟之间，背部保持平直，右大腿往里收。

B 左手向上伸直，右手垂直，在身体后侧弯曲并扣在一起，确保相交的手放在肩胛骨之间，眼睛平视前方；保持一分钟然后交换手臂方向。

赶走圆滚滚的双肩

消瘦的双肩也是女人性感的标志。深度犁形瑜伽能够靠你自身的重量对肩部进行按摩，把肥厚的双肩变成我见犹怜的削肩。这个姿势同时可以刺激颈部的甲状腺，增强甲状腺机能，对消除全身的赘肉很有帮助，还能治疗肩部肌肉粘连等。

深度犁形瑜伽动作要领：

A 平躺，抬腿与身体呈90度角，双臂伸直平放于身体两侧，手心压住地面，腰部向上抬，双腿向头顶弯曲与上身保持90度角。

B 双手托腰，脚尖接触地面，双腿伸直，脚趾接触地面。

C 保持住身体平衡后，双臂也向上伸展，从肩膀到胳膊都平贴地面，手指尖与脚尖相连。

翘臀长腿双丰收

作为一个东方女人，身材与老外比起来似乎总有一点先天的弱势，比如臀部通常都偏瘦，不够浑圆上翘，腿的骨骼也不够修长。所以东方女性要坚持练习抬腿的猫伸展式，这个动作将力量集中在臀部、大腿及腰部，提臀效果显著。同时还能塑造腰部的弧线，强化脊椎，消除背部多余脂肪，塑造从背部到臀部的完美线条。

抬腿的猫伸展动作要领：

A 先做好准备姿势，跪地且手掌撑地，头部、脖子、脊柱在一条直线，眼睛看两手之间。

B 在前一姿势的基础上，吸气并凹下脊柱，抬起右腿，让它笔直地向后伸展，将脚尖绷直；呼气时弓起脊柱，弯曲右腿并让膝盖和额头靠近，交替两腿。

补充元气神采奕奕

练习弓形瑜伽姿势可以刺激丹田，为身体补充元气，让自己重新回到神采奕奕的巅峰状态。同时，还能消除腹部赘肉，并雕塑双臂和双腿的曲线。

弓式动作要领：

A 腹部贴地，面朝下趴下，然后用双手向后抓住脚背。注意膝盖之间的距离与肩膀等宽。保持颈部挺直，双眼向前平视。

B 保持这个姿势，坚持1分钟以上。

12种有效简单的减肥茶

乌龙茶

因节食减肥，吃得少，食物残渣就不足,有时积存几天才排一次，很容易干燥。推荐饮用乌龙茶。

原料：乌龙茶。

做法：简单地用开水冲泡。

功效：助消化，去痰，解酒食油腻之毒，消脂。

薏仁茶

水肿的原因很多，如果是单纯的水分滞留造成的水肿，推荐饮用薏仁茶。

原料：炒薏仁10克，鲜荷叶5克，山楂5克。

做法：热水煮开，就可以饮用了。

功效：清热，利湿，治疗水肿。

荷叶茶

情绪低落，精神压力大，可能引起肠道的敏感性增加，而产生便秘困扰。推荐饮用荷叶茶。

原料：荷叶3克，炒决明子6克，玫瑰花3朵。

做法：用开水冲泡。

功效：清暑利湿，治水气水肿，生发清肠。

决明子茶

肠子蠕动功能迟缓的人（尤其是肥胖节食者在节食减肥期间）宿便容易积在体内，造成便秘。推荐饮用决明子茶。

原料：决明子茶。

做法：热水冲泡。

功效：清肝明目，利水通便。

大麦芽茶

体内排气不畅，也能造成腹胀和胃胀，推荐饮用大麦芽茶。

原料：炒麦芽5钱，山楂5分。

做法：加冰糖水冲饮。

功效：开胃健脾，和中下气，消食除胀。

柠檬茶

既能消脂，去油腻，又能美白肌肤。

原料：柠檬切片。

做法：榨出柠檬汁，用温水冲调，加入适量蜂蜜。

功效：消脂肪，助消化，美白肌肤，滋润肺腑。

普洱茶

胃里积食不化，不但影响肠胃功能，而且会使脂肪、糖分得不到正常的消耗而致胖。推荐饮用普洱茶。

原料：普洱茶叶，干菊花5朵。

做法：热水冲泡。

功效：帮助消化，消除油脂。

玫瑰花茶

多功能的玫瑰花，可以冲茶浸酒。多喝可以保护胃。

原料：玫瑰花5克。

做法：温开水冲泡。

功效：活血散淤，治肝胃气痛。

菊花茶

清火、减肥最方便的饮品。

原料：几朵干菊花。

做法：直接以热水冲泡。

功效：清暑退热解毒，消脂肪，降血压。

陈皮茶

如果一不小心吃了太多油腻，没关系，泡一壶陈皮茶，去去油腻吧。

原料：陈皮4克。

做法：沸水冲泡。

功效：理气调中，疏肝健脾，导滞消积。

山楂茶

山楂茶对喜欢吃肉的肥胖者更适合。

原料：山楂10克。

做法：用水煎煮。

功效：能消除油脂，帮助排泄体内废物，散淤化痰。

酸溜根茶

绝对的减肥好饮品。饭后煮上一杯，既达到减肥的目的，又享受酸酸甜甜的好味道。

原料：山楂10克，荠菜花10克，玉米须10克，茶树根10克，糖少许。

做法：以上各味碾成粗末，煎汤取汁。

功效：利尿降脂，适于肥胖者和高血压者。

轻轻松松学化妆

化妆最重要的是强化脸部的优点，呈现出更美的一面，其次是弥补掩饰脸部的缺点，使之隐藏不明显。

♥化妆的第一步即是修容，也就是我们通常所说的上粉底。

粉底可以改变皮肤的颜色并掩饰脸部的缺点，从而强调脸部的轮廓，增加脸型的立体感，使其更加接近审美感。

洁肤以后，拍上爽肤水，等几分钟，面部开始出现透明感时，涂上润肤品，尽量多一些，再慢慢按摩，等吸收以后，用纸巾吸掉多余的油脂（特别要注意眼周和鼻子周围）。仔细看一看面部还有没有多的油脂。准备工作做好了，可以开始化妆了。

先上一层隔离霜，要是当天肤色不好的话，应该上一层调整肤色液（可以代替隔离霜）。在调整肤色液里面，绿色的可以改善因为敏感而泛红的肤色，黄色则能改善暗淡无光泽的肤色，粉红色则适合苍白的肤色。

看看有没有黑眼圈？要是有的话，在眼圈部位用粉底点上几点，然

后用指尖慢慢推开，抹均匀。鼻翼两边容易脱妆，也应涂上薄薄的一层粉底。有痣、疤痕以及颜色暗沉的地方，都应打底修饰。

仔细看看镜子中的自己，看有没有遗漏掉了需要掩饰的地方。

好了，下一步就该上粉底了。

打好底以后，接着该上粉底了。粉底打得好坏，决定了你这个妆的整体效果，所以一定要仔细。

首先说说怎样选择粉底吧！

每种品牌的粉底颜色都是有差异的，所以，一定要选择适合自己肤色的，不要人云亦云。不要试图用较浅的颜色来改变肤色，那样会显得很不自然。使用亮度、明度高的接近自己肤色的粉底，就可以使皮肤显得白皙透明。如果不是肤色特差或是化晚妆的时候，尽量不要全脸都用粉（不过下面讲的，将是全脸用粉的化妆法）。

东方人的皮肤，颜色接近暖色系，也就是基础颜色是黄色，所以使用暖色系的粉底会显得比较自然。暖色系里面含有淡黄的色彩，比较适合泛红，有痘痘或酒糟的美眉。含有黄棕色的色彩，比如琥珀色，比较适合肤色较浅，喜欢健康肤色的美眉，可以营造出古铜色的效果。而比黄棕色系更黄一些的色彩，比如暖赭石色，一般就不怎么用了，用的时候也是作为遮盖色。

假如想让皮肤显现出上妆以后的亮丽感觉，那么，可以选择同样颜色的自然色作为粉底。自然色是介于冷暖色系之间的颜色，两种色系的皮肤都可以用它做自己的颜色，也是最安全的粉底颜色。自然色系里面的釉瓷色，适合皮肤偏白的人，可以增加上妆以后的红润效果。自然色系里面偏黄一些的色彩，对黄色的皮肤有修饰的效果，可以使上妆的效果看起来更粉嫩。

选好了适合自己肤色的粉底，取适量粉底在右手虎口处，用指尖擦在额头、面颊、鼻尖、下巴处。因为T区的鼻尖容易出油，粉底应少涂些。鼻梁处的粉底要涂厚些，这样会使脸部更富立体感。鼻子周围，特别是鼻翼附近，因为油脂分泌旺盛，涂粉底的时候应该特别注意。要注意，眼睑、鬓角、发际、耳朵以及脖子部位都不要忽略了，这样才会从各个角度看起来妆都是均匀的。

初学的人手指动作不太熟练，可以借助化妆海绵。上完粉底以后，可以用喷雾器把海绵喷湿，然后轻拍除了T区以外的整个面部，这样会使妆更均匀、服帖。

注意上粉底的时候应该逆着汗毛生长的方向上，才会显得均匀。

应该学会至少用两种以上的颜色打粉底，这样才能使面部显得有立体感，也能更好地修正脸型上的不足。

♥散粉应该扑得均匀才会自然。按面颊、额头、鼻子、下巴的顺序用粉扑轻轻拍各部位，用量一定要均匀，不要太厚了。上粉底时候提到的那些应该注意到的细节部位，扑散粉的时候也不要忽略了。

上完散粉，用最大号的化妆刷扫掉脸上多余的粉，再用眉刷扫掉眉间多余的粉底和散粉。

仔细检查一下镜子里面的自己，是否自然，有没有不和谐的地方。

在中国人的审美眼光中，所谓的鹅蛋脸应该是标准的脸型。可是，每个人的脸型各有不同，而鹅蛋脸型的人则更是少之又少。因此，化妆的时候就需要有针对性地修正自己的脸型。

♥用粉底修正脸型的基本原则是用几种颜色深浅不同的粉底，来制造出面部立体的阴影。

下面先说说修正脸型的过程中用到的最基本的三种颜色。

1. 肤色，也就是你皮肤本身的颜色，或是你用在脸上打底的最基本的粉底颜色。

2. 浅色，比皮肤或是打底的粉底色浅1到2号的颜色，用在想要掩饰凹陷的地方时。

3. 深色，比皮肤或是打底的粉底色深1到2号的颜色，用在想要掩饰凸出的地方时。

接下来针对最常见的七大类脸型，分别谈谈该怎样修正脸型。你知道自己是怎么样的脸型吗？看看下面对号入座吧。

1. 标准脸型。这种脸型又叫鹅蛋脸，其特征是额头比较饱满，颧骨不明显，脸型长短宽窄都适宜。由上额至下巴可以等分为三部分：（1）发际下至眉头；（2）眉头下至鼻头；（3）鼻头下至下巴。

这种脸型修正起来最简单，只需要在面颊部稍微加上深色的粉底并在鼻梁和额头上稍微加上浅色处理，使能增加脸型的三维效果，使脸型更明显，轮廓更完美。

2. 圆脸型。圆脸型是中国人最常见的一种，其特征是下巴和发际线都呈圆形，面部给人扁平感。这种脸型太宽、太圆，不具有立体感。能给人可爱的感觉，但也会显得不成熟。

这种脸型的修正重点在于腮部和额头两边。用长条形加深色粉底上在这两个部位，而下巴和额头中间用浅色粉底修正，脸型呈椭圆形，使其感觉修长一些，显得有立体感。

3. 方脸型。方脸型也就是平常所说的“国”字脸。这种脸型的线条较直，上额宽大，面颊也宽大，下巴却显得短小。看起来方方正正的，缺乏温柔感，不够女性化。

修正这种脸型的方法比较类似圆脸型。在宽大的腮部和上下额两边用深色粉底，额头中间和下巴加浅色粉底，修正脸型呈椭圆形，使脸型显得修长，表现出温和的一面。

4. 长脸型。长脸型也就是通常所说的“目”字脸型。它的特征是脸部比较狭长，上额头与下额等宽，有的表现为额头长，有的表现为下巴长。给人的感觉是宽窄不明显，不够柔和。

修正这种脸型，应该在额头和下巴部位加深色粉底，在腮部用浅色粉底，修正脸型的长度，使其变得适中，看起来会显得秀气一些。

5. 正三角脸型。顾名思义，这种脸型的特点就应该是上窄下宽，额头狭小，腮部却宽大，属于比较少见的脸型。这种脸型给人比较呆板的感觉，但也显得沉着大方。

为了弥补这类脸型的缺陷，应该在腮部较宽的地方用深色粉底，使之看起来有凹陷感，达到收缩视觉的效果。再在狭窄的额头和下巴部位上浅色粉底，使之饱满突出。修正后的脸型变得柔和，又能突出该脸型自身的特点。

6. 倒三角脸型。也就是瓜子脸，这种脸型具有上宽下窄的特点，额

头宽，下巴尖，脸的下半部分显得较瘦，整体显得比较尖。会给人忧伤的感觉，也显得柔弱，楚楚动人。

修正这种脸型，应该在额头、下巴、颧骨以上部位用深色的粉底，颧骨以下部位和腮部消瘦的地方用浅色的粉底，使整个面部看起来较丰满、明朗，显得秀美。

7. 菱形脸。这是一种很有特点的脸型，额头窄小，腮部消瘦，颧骨较高，下巴较尖。整个脸型显得尖锐。

修正这种脸型的重点在于，用深色的粉底上于颜色过高的颧骨和过尖的下巴，并在额头和腮部用浅色的粉底，使之显得丰满。这样，整个面部看起来就会比较柔和。

♥眉毛对于脸型的表现力非常强，而天生一副好眉毛的人又很少，所以大多数人的眉毛都是需要后天修饰的。

开始修眉毛之前，得准备好修眉的工具：眉钳，小镊子，眉刷，眉笔，眉剪，修眉刀，镜子，棉球，酒精，润肤品等。

修眉毛的步骤如下：

1. 先用眉刷刷干净眉毛后，再用棉球沾上酒精或是有收缩性质的爽肤水清洁眉毛及其周围皮肤。

2. 用沾了温水的棉球或是热毛巾捂住眉毛，使这个部位的皮肤变得松软。

3. 用眉笔画出合适的眉型，留在轮廓线以外的眉毛都是多余应该拔去的。

4. 调整眉毛的长度，用眉剪修整过长和向下长的眉毛。注意眉尾应该短一些，越靠近眉头应该越长。从眉毛中部到眉尖，不要剪得太短。

5. 用眉钳和小镊子把多余的眉毛都拔掉，修理出形状来。为了减轻疼痛，可以先涂一些润肤品。拔的时候要拉紧眉部皮肤，一根根顺着眉毛的生长方向，向外或是向上拔。

6. 用修眉刀将眉毛周围的细毛和多余的毛都剃掉。

7. 用爽肤水拍打眉毛及其周围皮肤，以收缩毛孔。再涂上润肤品保护。

8. 用眉刷刷双眉，定好形状。

上面的步骤说起来好像很简单，其实好多人在实际操作的过程中会感觉很难修出一个满意的眉毛。这是因为修眉的过程中，还得结合自己的具体情况，做适当的调整，有时候还需要适当的画眉。下面，讲一讲怎么适当调整不同的眉毛。

1. 眉头：从鼻翼处开始垂直上升，与眉毛相交处是眉头的位置。

2. 眉峰：在将眉毛分成三等分时占2/3或从鼻翼开始向黑眼珠外线延长时的连接处。

3. 眉尾：从鼻翼开始沿着外眼角45度直线交叉处正是眉尾的位置。

4. 眉峰的宽度应占眉头的1/2。

现实生活中，当然不会每个人都长这么一副标准眉，都可能会有这样那样的缺陷，下面讲一讲各种常见眉部缺陷的修正方式。

1. 眉毛过于平直：可将眉头与眉尾处的上缘修去少量，再将下缘修去，使眉毛形成柔和的幅度。

2. 眉毛高且粗：可将眉毛上缘修去，使眉毛与眼睛之间的距离拉近。

3. 眉毛太短：可将眉尾修得尖细柔和，再用眉笔将眉毛画长些。

4. 眉毛太长：可修去眉毛长的部分，眉尾不要修得粗钝，适合修眉毛的下缘，使之逐渐变得尖细。

5. 眉毛稀疏：可用眉笔描出短羽状的眉毛，再用眉刷轻刷，使其柔和自然，不宜将眉毛画得过于平直。

6. 眉毛太弯：可修去眉毛上缘，以减轻眉拱的幅度。

7. 眉头太近：可修去鼻梁附近的眉毛，使眉头与内眼角对齐。

8. 眉头太远：可利用眉笔将眉头描长，以缩小两眉之间的距离。

各种修眉的基本要领就讲完了，下面将讲的是各种脸型与眉形的搭配。

先说说各种眉型的表现特征。

1. 箭型眉：眉型没有角度，眉尾比眉头高，适合脸型较短、较宽的人，可以拉长脸型，使脸型消瘦，给人理智，坚定的印象。适合下垂眼，象圆脸型与棱角型脸。

2. 水平眉：顾名思义，就是整体上为一条直线的眉型，会使脸部显得较宽，适合长脸型和面部比较窄的人，可缓和脸型过长，给人古典、优雅的印象。

3. 上扬眉：眉头与眉尾不在同一水平线上，类似标准眉，眉尾较短，在眉峰处强调带角或圆弧的眉峰。这种眉型给人有个性、干练的印象，适合圆型、有角度的脸型。

4. 下垂眉：眉尾下垂，眉尾低于眉头，眉尾的长度比眼尾长些。这种眉型给人柔弱的印象，只适合脸型瘦小的人。

5. 弓形眉：在眉峰处弧度加高、弯曲，给人成熟，爽朗的印象，适合于额头较宽的脸，是适合菱型脸，逆三角型脸的人的眉形。

6. 短眉：眉型较短，长度与眼睛相当，眉尾稍往上翘，给人青春、动感的印象，比较适合逆三角型脸。

看了上面眉型的分析，下面就可以知道各种脸型适合什么样的眉型了：

1. 圆脸型：如果描水平眉，会使脸更大更短；如果描下垂眉，会使脸更短更圆，因此圆脸适于描上扬眉，使脸部相应拉长。眉毛可以描画出眉峰来。眉峰如果在眉中的话，会使眉型显得太圆，所以眉峰的位置可以是靠外侧1/3外，眉峰形状不要太锐利，这样会和脸型差别太大，画出的眉型略为有上扬感就可以。眉间距可以近一些，眉型不应太长。

2. 方脸型：适合短眉型，可以是略为上扬的，不可以太细太短，眉间距不要太窄，在眉毛1/2处起眉峰，眉峰圆润，眉头略粗。

3. 长脸型：适合长眉型。如果描上扬眉会使脸更长，描水平眉则可以使脸显得短一些。眉型可以是粗粗的方方的形如卧蚕，这样会使眉毛在眼上显得有分量。在眉毛2/3处起眉峰，眉峰应平一些，眉间距短而宽。

4. 正三角脸型：适合长眉型，不适合描有角度的眉。眉型要大方，小气的眉毛会更强调下半部宽大的分量。

5. 倒三角脸型：不适合描有角度的眉型，下垂眉或大弧形的眉也不适合。下垂眉会使额头显得更长，大弧形的眉会强调狭窄的额头。只适合描柔和的、稍粗的水平眉，这样可以使额头显得窄一些，缩短脸的长度。眉型要有一些曲线感，可略细一些，不要太粗厚，眉间距不宜太宽。在1/2处起眉峰，细一些，眉型不宜太长，眉峰要圆润。

6. 菱形脸：适合长眉型，眉型应该显得轻松自然，不可以是那种眉头很低粗，眉尾高翘而细的眉型。在眉毛1/2加0. 5cm处起眉峰，眉峰的角度最好呈明显的三角形。

修好了眉毛，一般还需要画一画才能更自然。现在就讲一讲怎么画眉毛吧。一般来说，画眉毛的方法有以下三种：

1. 用透明的睫毛膏刷在眉毛上；

2. 刷眉粉；

3. 用眉笔画。

前面两种办法适合不太熟练的人。不管用哪种方法，一定要注意顺着眉毛的生长方向来画眉毛。

眉毛的颜色也可以起到改变形象的作用。不过，一般人们还是根据自己的毛发和眼球的颜色来选择适合自己的眉毛颜色的。

一般来说，黑色、灰色和褐色是适合大多数东方人的眉毛颜色。黑色会有果断、古典的感觉；灰色显得优雅、自然；褐色比较现代。

画眉毛的第一步是要找出眉峰。一般来说从眉尾1/3处应该是眉峰处。从这个地方开始，逐步往前细细地画。因为眉尾1/3处是整个眉毛较稀疏与不明显的部分，因此颜色可以较深或较饱和。而前面2/3的眉毛通常较为浓密，因此在画的时候，可以用眉粉残留的颜色，或是以较轻的力度画过。这样眉毛整体的颜色才会一致，千万不要一味地从头画到底。

用眉笔画眉毛的时候要注意，不可以硬邦邦地涂。要把眉笔修尖，一笔一笔地画,每一笔都要与自身的眉毛相似，笔与笔之间要有适当的间隔，使整双眉毛像许多短毛重迭而成的样子，才会显得有立体感。

看看镜子中的自己，两个眉毛形状是否一致？然后再涂上一层乳液或是透明睫毛膏以保持形状。

到这里，眉毛的化妆就全部讲完了。

♥下面要讲的是面颊的化妆，也就是腮红。

涂上腮红，可以给面色生气，使眼唇色彩显得协调自然，同时也可以使面部显得有立体感。市面上的腮红有胶状、霜状、粉状及液状等种类，但是，使用最广泛的还是粉状刷式的腮红。

涂腮红的时候，除了要因人而异，还要根据不同的妆型配合不同的腮红。动作要轻，不要涂得过多过重，以看不到腮红染开的轮廓为好。涂腮红的位置与颜色都要与整个面部协调。腮部的形状一般是纵向较长，略为隆起的。按照这一特点再仔细看自己的脸型，脸颊的位置适宜在眼和唇的中间，掌握好位置，颜色就容易配合了。

一般涂腮红的方法是：先在手背调好需要的腮红颜色，再以向上的手法从面颊部刷至太阳穴下鬓角，再从上到下顺着下颌线轻扫，直至均匀。

刷腮红的整体形状是以颧骨为中心，不要超过鼻尖。刷在两颊的腮红可使脸部显得高扬，有生气，但刷于鼻尖以下部位，会使整个面部显得下沉，比较老气。因此，刷腮红的时候，不要超过眼睛中间或刷在接近鼻子的地方。除非脸部太丰满或太宽阔，腮红才可接近鼻子处，以达到使面部显得修长的效果。而脸型比较瘦的人，腮红则应刷在较外侧部位，会使脸显得宽大一些。

好了，先说了腮红的基本涂法，下面讲一讲不同脸型所适合的腮红涂法。

1. 标准脸型：适合标准腮红刷法或是刷成椭圆形。这里解释下什么是标准腮红刷法，即腮红不超过眼中及鼻子下方，由颧骨向太阳穴处向外、向上刷。

2. 长脸型：由颧骨至鼻翼向内打圈，刷在面颊较外侧，可向耳边刷，不要低于鼻尖，以横刷为宜。

3. 圆脸型：由鼻翼至颧骨向外打圈，靠近鼻侧，不要低于鼻尖，不要刷进发际，面颊应刷高些，长些，用长线条拉刷直到太阳穴。

4. 方脸型：由颧骨顶端向下斜刷，面颊的颜色应刷深些，高些，或刷长。

5. 倒三角脸型：颧骨部位用深色腮红拉刷，颧骨下方用浅色腮红横刷，使脸型显得丰满。

6. 正三角脸型：面颊刷高些，长些，适合用斜刷法。

7. 菱形脸型：从耳际稍高处向颧骨方向斜刷，颧骨处的颜色应该深一些。

♥眼睛是心灵的窗户，明眸善睐是很多爱美女性的追求。但是，东方人的眼部轮廓大多都不明显，因此，一个好的眼妆，会使整个面部看起来更有精神。

习惯上，画眼妆一般先画眼线，再画眼影，再染睫毛膏。那么，就依照这个顺序开始讲吧。先讲讲怎样画眼线。

市面上的眼线笔大致可以分为铅笔状和液体状两种。对于初学画眼线的人来说，我觉得最好先学使用铅笔状眼线笔，等熟悉了手部动作以后，再开始使用眼线液。眼线液画出的效果会更深一些，线条更明显，眼线笔则显得柔和一些。眼线的颜色有很多种，不过我个人觉得，咖啡色系和灰色系亚洲人用起来最自然。皮肤白皙的人比较适合用咖啡色系，而皮肤较黑，或是想制造浓妆效果的时候，用黑色的眼线效果不错。橘红、红色和金色都是东方人适合的眼线颜色，不过就更要注意和衣服、眼影等的色彩搭配。

眼线的标准画法是：只画眼皮的折皱处，先画上眼线，从内眼角开始画，紧贴着睫毛根部的外沿描至眼尾。内眼角的线条要细而浅，外眼角的线条要粗而重，眼尾可适当延长并上扬。下眼线应从外眼角画到内眼角，只画眼长的2/3，或是只画眼头和眼尾。上下眼线的比例为7:3。注意在眼尾处应有小的分开，不要画成一个框。

画眼线时，眼睛向下望，可以清楚地看见整个眼睑，用左手轻按住下眼睑，右手握笔，再用眼线笔沿着睫毛根，慢慢地一线画过。如果画坏了，用化妆棉棒沾上少量卸妆液修改，千万不要用手去涂。

眼线的粗细长短，可以改变一个人眼睛的形状，并起到修正眼部缺陷的作用。比如在眼线的中心部位画粗一些，眼睛就会短一些，大一些；在眼尾将眼线适当延长，眼睛就会狭长一些；下眼线比上眼线画粗一些，眼睛的位置就会被降低，显得面部更活泼；上眼线画得更强调一些，会起到抬高眼睛位置的作用，显得成熟稳重些。

下面讲一讲几种缺陷眼形的修正方式：

1. 吊眼，也就是上扬眼，这种形状的眼睛画上眼线的时候不能上扬，应该尽量拉平，下眼线的内眼角处在睫毛内则画眼线，外眼角画粗一些。

2. 下垂眼，这种形状的眼睛上眼线应该画得前细后粗，不到眼尾即开始用上扬画法，下眼线则前粗后细。

3. 两眼距离太远，画眼线的时候则重点应在眼头。内眼角画深且粗一些，可以适当画出内眼角，并稍向下弯一些，眼尾不要拉长。

4. 两眼距离较近，画眼线的时候则应适当向外侧拉长，不要画到内眼角处，从内眼角的1/5处开始,由细到粗地画。

5. 单眼皮，画眼线的重点应在下眼线。从外眼角开始描下眼线，逐渐加宽，至1/2处停止，眼线应略微延伸出眼尾。可以不画上眼线，或用点画法在上睫毛根部画，不要刻意强调上眼线。

6. 浮肿眼，这种眼睛画眼线的时候应该画粗一些，上眼线从眼尾2/3处开始用上扬画法。

7. 内双眼，不适合画太粗的眼线，在眼尾1/3处画一条细细的眼线就可以了。

8. 两眼大小不对称，这种形状眼睛的化装重点应在小的那个眼睛的描绘上，用较粗的眼线可以产生放大的效果。

♥眼影是一个对色彩感要求比较高的工作，必须依照自己的年龄、身份、服饰以及具体场合来进行恰当的搭配。好的眼影颜色搭配，不仅能突出眼部的特点，更能增加眼部立体感，起到锦上添花的作用。

现在市面上的眼影有粉状、膏状、笔状和液体状几种。下面我将侧重讲讲粉状眼影的使用。

使用粉状眼影的时候会用到三种大小的刷子：粗刷、中刷和细刷。大面积的地方，比如整个眼睑，使用粗刷能使眼影分布均匀，且能制造出朦胧的效果。小片的地方，比如眼周围，适合选用中刷，眼角处则适合使用细刷。眼窝处则应根据实际的宽度选择中刷或是细刷。

画眼影的基本步骤如下：从眼睑尾部的睫毛根部开始上色，由眼头至眼尾方向抹开。一次上色应该淡一些，通过多上几次来达到效果。再顺着眼睛的幅度将眼影染开，最后将浅色眼影刷在眉骨上。

通常情况下，靠近上眼线的地方要用深色眼影，依照颜色的深浅过渡慢慢从眼部由下向上逐渐变浅，直到眉部，眉部的颜色应该是最浅的。刷眼影的时候应该注意比眼线略微长一些。

单色眼影是最简单的涂法。用单色眼影造型的可能很小，基本只是单纯起到给眼部上色的作用。

多色眼影的搭配，按照色彩来分，可以分为近似色法和对比色法。按照涂法来分，可以分为表现结构的涂法和起装饰作用的涂法。不管哪种涂法，都应该遵循下面的颜色分布方式：

主色：眼部最基本的颜色，画在眼皮折上下，不超过眼皮折的1/2。

副色：应该比主色浅一些，从眉下部1/3处或是眼尾至眼头1/2开始。

柔色：比副色更浅，画在眉骨和眉毛的1/2或1/3处。

下面分析一下东方人最常用的几种眼影颜色：

棕色属于中性色调，很容易与皮肤搭配，显得自然大方，不会出错，但是也很难出彩。

粉红色属于明亮色调，有调和性，柔和，妩媚，有强调眼部明净的效果。

紫色是一款很能强调东方人肤色和眼形的颜色，具有神秘感，可使眼部显得妩媚，不过皮肤黑的人要慎用。

蓝色属于对比色，具有跳跃性，不适合大面积使用。可做装饰色用在内外眼角及眼皮折里，起到点缀的效果。

黄色属于柔和色，比较容易使用。可用作逆阴影色，用于表现眼睛的结构，也可用作装饰色。

绿色属于中性色，有跳跃性，适合涂在眼皮折或小面积使用，有清新感。

根据东方人的肤色而言，白皙的皮肤适合任何色彩，而粉红色更能衬托出皮肤本身的光彩。偏黄的皮肤比较适合棕色、橙色。而健康的小麦色更适合金棕色、绿色、橙色等比较亮的色彩。

就年纪而言，年轻的女孩适合用含有亮粉的浅色系列，切忌使用多种颜色，使用单色系，可以体现出其青春活泼的性格。成熟女性也可以使用粉红色系，会显得相对年轻。也可以用比较深的颜色，比如紫色，蓝色、金棕色等、会显得成熟、性感。

♥性感女人化妆法

双色眼影色彩搭配会出效果，例如：

♥紫色和粉色

♥绿色和蓝色

♥绿色和淡棕色

♥黄色和蓝色

♥橘色和深绿蓝色

♥粉色和黄色

♥紫色和蓝绿色

♥粉色和淡灰色

♥如果说眼睛是心灵的窗户，那么，睫毛就是窗帘了。涂睫毛膏，是让这个窗帘变得更美丽的重要一笔。

涂睫毛膏之前，得先装备好相关的工具：化妆棉棒，干净的睫毛刷，睫毛梳，睫毛夹和睫毛液。

挑选睫毛夹的时候最好能试一试，注意选择适合自己眼睛弧度的，至于质地，则可以根据自己的喜好而定。

至于睫毛膏,可以根据自己的需要选择适合的功能和颜色。东方人一般准备两种颜色的睫毛膏就可以了。毛发颜色深的，准备黑色和透明色；毛发颜色浅的，用咖啡色和透明色。彩色的睫毛膏适合年轻娇艳的小女孩或盛妆场合，平时可以在用了本色睫毛膏以后适当刷在睫毛尖上，增加效果。使用加密的睫毛膏时一定要谨慎，使用不当的话会给人很不自然的感觉。不管什么颜色和功能的睫毛膏，最好还是要能防水。

好了，一切准备好了以后，该给睫毛上睫毛膏了。

先用化妆棉棒沾化妆水轻轻擦干净睫毛，再扑一点散粉在上面。

然后用睫毛夹夹住睫毛根部，停留几秒钟，再向尖部移动，每间隔5毫米左右夹紧停留一下，直到睫毛尖部。

接下来打开你的睫毛膏，注意不要直接拉出来，动作要慢，到开口处旋转一下，将多余的睫毛膏去掉，然后把化妆镜放在低一些的位置上，双眼向下，开始涂。涂的时候，要从根部由内向外涂。先涂一层透明的睫毛膏，再涂有颜色的。

刷上睫毛的时候，睫毛刷和睫毛成平行状，用“Z”字刷法。不要一次涂太多,刷完一层，等干了以后再刷第二层。一般情况下，刷两层就行了，刷太多，睫毛会太重，在眼部会形成阴影，使其看起来好像有黑眼圈。

刷下睫毛的时候，睫毛刷和睫毛成垂直状，下睫毛刷一层就够了。

刷的过程中，要不断用化妆棉棒清洁沾在皮肤和眼皮上的睫毛膏，粘连上的睫毛，要用干净的睫毛刷或是睫毛梳梳开。

刷完以后不要眨眼睛，至少等10秒，睫毛膏干了以后再眨。

刷好了的睫毛不适合再用睫毛夹夹它了。因为这时候睫毛已经变硬了，再夹就很容易断。

♥唇部是面部活动量最大、表情丰富的部位。同一个人，对于唇部的轮廓使用不同画法和颜色，就会产生多种多样的表情，给人以各种不同的感觉。

东方人特别注重唇部的化妆，好些平时不怎么化妆的MM，也会备有一两只唇膏，以备不时之需。

要想画出一个漂亮的唇型，先得知道标准的唇型是怎么样的。我就从下面三个方面描述一下标准唇型：

1. 整个嘴型的长度：双眼直视，由眼珠内侧向下画一条垂直线，两嘴角应该在这两垂直线上。

2. 嘴唇的厚度：一般情况下，下嘴唇应该比上嘴唇厚，上唇约为5~8毫米厚，下唇约为10~13毫米厚。

3. 唇峰的位置：应为鼻孔的正下方。

接下来我要讲一讲最基本的唇部化妆步骤。

先用一小块化妆海绵沾少量粉底遮盖住原来的嘴唇轮廓，并涂在唇上，可以使唇膏上得更均匀、更持久。

再用唇线笔勾画出理想的唇线。画唇线的时候，先画上唇，再画下唇。上唇由唇中向上呈弧形，描出唇峰，再描至唇角，两边分开画，注意中间的连接。下唇先从距离手较远的唇角开始画至唇中，再从较近的一边唇角画至唇中与另一边的唇线会合。

画唇线的时候，唇线笔或唇刷要平放，用它的尖端和边沿来画。最好一笔画成，画得细一些，左右要对称，颜色应比唇膏的颜色略深或同色。

画好唇线以后，再用唇刷将颜色涂在整个唇部。也可以直接用唇膏上色，不过用唇刷的话颜色会显得均匀润泽，唇型更清晰。注意上唇膏的距离应该比唇线的距离向内1毫米左右。

画完以后，用化妆纸吸干油脂，再画一次，会比较持久。

整个唇部化妆的过程中，保持唇部的放松，分开做微笑状，可以用手指靠在下巴上，保持手的平稳。

前面已经讲过了什么样的唇型是标准的唇型，下面，分析一下不同唇型的修正方式。

1. 唇薄而小：整个唇的轮廓线应适当做扩张，修正的重点应该在下唇线上。在原唇线向外面1毫米处画一条新的唇线，下唇膏的颜色应比上唇膏色浓一些。上唇的唇峰描成曲线，唇中间用浅亮的颜色，这样会使整个唇显得丰满。

2. 唇大而厚：用粉底线对原有的唇线加以掩盖，用较浅的颜色在原唇线向内1毫米处画一条新的唇线，上下唇交界的点应画得比原唇线近一些。用接近唇色的自然色唇膏，不适合用亮光唇膏。

3. 唇峰不明显：先得确定好唇峰的位置（前面已经讲过了理想唇峰的位置），再用唇线笔描出需要的唇峰，注意涂唇膏的时候可以涂厚一些。

4. 嘴角下垂：想改正下垂的嘴角，只将唇角向上提是不能解决问题的。首先，得将整个上唇向上提，且唇峰应该提高，并使嘴角向上扩画1毫米，使其上扬且向外画一些（注意不能扩画过大，应注意与下唇的协调）。唇线应该画得重一些，上唇的颜色要浓，下唇的颜色要浅，并用亮色唇膏强调中间。

5. 上扬唇：与嘴角下垂的画法相反，注意放低唇峰和嘴角的位置，以改善两端上扬的缺点。

6. 嘴型凸出：上唇峰应该画得比原唇峰位置外移的距离大些，两唇峰之间的最低点可略低于原位置，这样就可以减低嘴唇凸出的程度。注意唇线不要勾画得太清晰，以免感觉离人很近加重突出感。选用中性色彩的唇膏。太鲜艳的口红，会使人从视觉上感觉到嘴更突出。

7. 嘴角下陷：画唇线时注意把嘴角处抬高，选择较柔和的唇膏，贴近唇线处用略深色的唇膏，里面用浅色唇膏。注意画好后，用基础粉底色遮盖下陷的嘴角。

唇膏的色彩，基本上可以分为下面几个系列：

红色系：属于暖色系列，表现感强烈，给人华丽、高贵的感觉，适合个性积极、热情的人使用。

橘色系：同样也属于暖色系列，显得明朗健康，适合个性活泼、开朗的人使用，能表现出青春和活力。

玫瑰色系：属于冷色系列，显得亲切柔和，给人典雅秀丽的感觉。亮一些的适合古典艳丽的人，显得明艳照人。暗一些的适合年纪较轻的人，显得温柔清纯。

咖啡色系：属于冷色系列，很适合东方人表现成熟稳重，适合于个性稳重成熟的人，不过也会显得保守。这个系列的颜色差距比较大，选择的时候要慎重。

下面，再说一说各种肤色所适合的唇膏颜色。

肤色白皙：适合用玫瑰色系，可以使皮肤显得红润健康，具有透明感。

肤色偏黄：适合用咖啡色系。冷色系的口红有修饰肤色的作用。不适合用紫色，粉红色，会使皮肤显得更黄。

肤色偏小麦色：适合用橘色系、红色系，强调健康活力。

肤色晦暗：适合用红色系，高明亮度的色彩可以增加面部的光彩，使其显得亮丽，鲜艳。

♥化完妆以后，要仔细地从局部到整体检查一下化妆的效果。

检查化妆效果，应从下面几点入手：

1. 粉底打得是否自然，在适当的光线下是否显得太白或没有起到适当的掩饰，面部与脖子、耳朵之间有没有明显的颜色差。笑一笑，如果皱纹太明显就表示粉用得过多了，可以用化妆海绵打湿以后在面上压一压，就会好多了。

2. 眼妆。两眼左右效果是否一致，色彩是否浓淡适宜，过渡是否自然。再半闭上眼睛，看看效果是否理想。

3. 睫毛。睫毛膏是否均匀，有没有粉沾在上面。要是不满意，可以用睫毛刷把睫毛上的粉刷掉，再一根根刷开。

4. 眉毛。两边眉毛的颜色和形状都应该一致，浓淡应该与整个妆面协调，眉形应该与整个脸型协调。眉毛上要是沾有粉，要用眉毛刷刷掉。

5. 脸颊。胭脂的用量是否合适，色彩是否自然。

6. 唇膏。唇形应该左右一致，整个唇部的轮廓要整齐。用嘴部各个表情试一试，注意嘴角的唇膏有没有遗漏。上下嘴角处不应该留有空白。牙齿上不要沾有唇膏。

7. 观察左右妆颜是否一致，有没有显得不协调的地方。

8. 从两边侧面看一看化妆后的效果是否理想。

9. 站远一些，看一看整体的形象。整个妆颜的色彩是否协调，是否与三W（When，Where, What）相适应，整体感觉是否理想，人工的痕迹是否太重。

在检查你的化妆中再不断做适当的微调，得出自己最满意的效果。

好了，整个面部化妆的过程也就基本讲完了。希望对大家有所帮助。

塑造与性格相配的大美人

人们常说，性格决定命运，可见性格的重要性。要找到适合自己的妆容，就一定要知道自己的性格。

从古罗马艳妇到埃及妖后，从古希腊裸女到文艺复兴的美丽女神，女人的美、女人的艳、女人的妖、甚至女人的“荡”，都被她们演绎得淋漓尽致。这一切，都是由她们绝伦的妆容所带来的，而她们的妆容为什么能这么恰当地表现出她们的美艳？这就是她们根据自己的性格决定了化什么样的妆容。

现在，就让我们一起来看看自己是哪种性格，该化什么样的妆吧！

下列四款不同的脸部化妆，每个妆容各列出5题性格说明，你若同意，就在空格内画上“√”，记号最多的那一款即是适合你性格的妆容。快快完成这个测验，找出最能施展你魅力的色彩，然后依照化妆师的指导，给自己化一个旷世艳妆。

艳光照人型

☐ 你只求穿得漂亮，绝不理会是否实际或舒适。

☐ 你喜欢电影，但你更爱奥斯卡颁奖典礼星光熠熠的场面。

☐ 你梦想中的约会地点是一家时尚而富情调的餐厅。

☐ 你常听男人说你性感，但从没听见男人说你可爱。

☐ 你心爱的饮品——当然是世界级的极品，香槟也不错。

你爱好奢华的生活，你希望男伴宠爱你，给予你一流的优雅享受。今季你就以金色的妆容告诉大家，你绝对是值得男人宠幸的美人儿。

1. 在颧骨和太阳穴扫上喑哑、略带淡黄的古铜色胭脂，双颊、唇、鼻则扫上金黄色的阴影。

2. 下眼线画上黑色眼线，然后在眼盖和下眼线底下扫上金黄色眼影。

3. 以同样的金黄色眼影涂在眼褶部位，然后涂上睫毛液。

4. 香槟酒色的润唇膏令双唇更见娇艳。

浪漫可人型

☐ 你觉得自己像《薰衣草》里的陈慧琳。

☐ 你最爱看经典爱情片。

☐ 你梦想中的恋爱是由鲜花掀起序幕。

☐ 男人说你是他约会过的女孩子中最甜美的一个。

☐ 你会为了观赏美丽的日落而不惜步行一里路。

你是个极度浪漫的人，粉红色就最适合你。

依以下步骤去做，营造红粉菲菲的妆容效果：

1. 采用具有润色效果的粉底乳，营造自然的肤色效果。

2. 在双颊中央扫上玫瑰色胭脂，然后向鼻和眼的位置晕染开去。

3. 涂一层睫毛液，无须太浓重。

4. 再画上亮泽的粉红唇彩，整个柔美的脸部妆容立即展现。

活泼艳丽型

☐ 你喜欢穿着与众不同的服饰。

☐ 你喜欢看冷门电影多于卖座的热门电影。

☐ 你向往能与男友在电单车上风驰电掣。

☐ 你敢作敢为，男人就是喜欢你拒绝扭捏作态的豪迈作风。

☐ 你即使不说一句话也能让人明白你的心意。

你是个独一无二的女孩子，你很有自信，你知道自己要的是什么，要的是哪一种男人。最适合你的妆容是：鲜明的蓝色眼影。

1. 用手指在眼睑位置涂上数层蓝色眼影。眉骨部位不必上色，睫毛则涂两层具有加长效果的睫毛液。

2. 唇妆选用近似无色的唇彩。

性感撩人型

☐ 你逛街不爱买衣服而爱买内衣裤。

☐ 你爱看恐怖片，原因是它能让你借机紧抓身旁的男士。

☐ 你曾被朋友指你重色轻友。

☐ 你柔声细语地与其他男人交谈，结果令男友大吃其醋。

☐ 你天生有过人的魅力，你很会讲笑话。

你魅力无法阻挡，男人都被你那一股颇具诱惑的风情所吸引。活泼的紫色将突显你活跃的气质。

1. 用色泽柔和的紫色眼线笔涂满整个上眼睑，然后用手指将颜色轻轻揉抹均匀。

2. 在上眼睑涂一层淡紫色眼影，往上直扫至眉骨位置。

3. 卷眼睫毛，然后涂上起码三层的黑色睫毛液。

4. 唇色是轻柔微闪的淡紫色唇彩。

护发妙招DIY

甜橘子乳护发素

材料：1/2个去皮的橘子、1/2杯低脂牛奶、1茶匙发酵粉、1茶匙大豆粉、1个鸡蛋、1茶匙蜂蜜、1/4个香蕉

制作方法：将所有材料放入搅拌机中搅成糊状，沐浴时抹在头发上，停留5分钟后洗掉，再用洗发水及护发素洗发。若想深度护理，则在头发上多停留30分钟。

生效原因：橘子富含的胶原蛋白可以防止头发分岔；酵母粉中的维生素B是蛋白质的组成部分；大豆及鸡蛋是蛋白质的重要来源，鸡蛋还富含维生素A、B及多种矿物质；蜂蜜和香蕉具备有效的保湿功能。

补充情报：每天或每星期用一次，一次用不完的放入冰箱保存，24个小时之内可以再次使用。

香蕉蜂蜜护发素

材料：1/2根香蕉、1茶匙纯酸奶、1/8茶匙卵磷脂（到药店买）、1茶匙加糖的浓缩牛奶、蜂蜜少许、1茶匙麦芽油。

制作方法：把所有材料放到搅拌机中搅拌，然后倒入碗中，在脖子上围上一条毛巾（用来接住滴下来的液体）。用一把旧发刷把护发素从上往下刷在湿头发上，停留45分钟后洗掉再用洗发水洗发。如果你的头发严重受损，你可以每周一次带着护发素睡觉，不过别忘了在枕头上铺一条毛巾。

生效原因：香蕉富含钾，可以增加头发的湿度，香蕉中的油可以增加头发的弹性。酸奶和牛奶提供维生素A和B，帮助钾深入头发。蜂蜜和麦芽油既保湿又滋润。

夏日保养秀发的10个诀窍

夏季的头发往往比冬季难以护理，因为强紫外线的照射和夏天的户外运动如游泳都会造成头发的干涩毛糙。如何使夏日的头发也具有光泽且富有弹性?

1. 游泳后，你的头发会不会有一种发污的感觉，像褪了色一样? 那是游泳池里的漂白粉在作怪，如果是染过的头发很容易变绿。美发师透露给我们调整这种褪色的方法是：把洗发水和西红柿汁混在一起洗一遍，来中和漂白粉对头发起到的化学作用。

2. 在海边游泳，事后怎样去除头发里的沙子、盐和污物? 美发师的诀窍是用苏打水先润湿头发，再用洗发水洗头发就可以了。

3. 如何在阳光下使头发倍显光泽? 美发师的秘方是把柠檬汁挤在头发上，但它特别容易损坏发质，为了弥补这种不足，可以把柠檬汁和护发素混在一起使用。

4. 染发专家们建议染发后引起的头皮不适可以使用冷牛奶来缓解。将牛奶倒在头发上，保留5~10分钟。然后，用清水彻底冲干净。

5. 准备去郊外度周末吗？在头一天晚上，花些工夫在护理头发上。用超强护发油涂抹到洗干净的头发上，不要冲洗，像平常一样把头发吹干。整个周末无需再做任何护理，你的头发都一直会具有光泽。

6. 长发美女们需要对她们的头发进行特别的护理。美发的业内人士在使用洗发水之前总要在长发发梢的部分先抹上一些护发素，防止头发在清洗过程中绞在一起。这种二次使用护发素的方法也适用于极为干燥或受损的头发。

7. 做发卷之前，在每个塑料发卷上薄薄地喷一层定型水，你的头发就会听话地“长”在发卷上，做好以后的卷花既平整又持久。

8. 如果你用美发定型水后，感觉好像戴了个头盔，那么，你要知道一个秘密——所有的美发师都是在离头发至少30厘米的距离喷定型水，或者只在他们的发梳上喷定型水。现在明白了吧，不是你的定型水不好。

9. 对于发髻不整齐的人，美发师通常用喷过定型水的发梳来修整发髻边上的零星头发。

10. 记住，不管天气多热，一定要用美发产品，就像化妆师用薄薄的一层干粉来完妆一样。用几滴润发液或者上光剂把头发自有的天然水分锁住，就能有效地保护夏日的秀发。

>> 第四章

越近越美丽：

修身养性，才能抓牢他的心

什么样的女人才精品

1. 美貌。美貌是精品女人最重要的基础设施，没有外在美，怎么还能去苛求全方位的完美？我向来欣赏韩国演员金南珠，她是整容技术的精品，推翻了天生尤物这个陈腐观点。

2. 健康。十之八九的男人在林黛玉、薛宝钗之间，都会果断选择后者。精品女人必须身心健康，容光焕发，那种捂胸口皱眉心的病美人已经被时代淘汰了。

3. 独立。优秀作家亦舒小姐用她的生花妙笔，描绘了自己赚钱买花戴的都市女郎形象，告诫我们，女人经济独立，才有本钱谈人格独立。如果经济上依赖男人，就只能叹一句：娜拉出走后，不是回来就是堕落。

4. 才华。一个精品女人，除了美貌，还要有灵魂，否则便沦为花瓶。才华横溢的女子刘索拉，据说她的前夫想复婚，她回复说，到后面排队去。如果美貌使女人光芒万丈，才华就使一个女人魅力四射。

5. 爱情。再出色的女人，如果身边空空，就使人觉得凄凉。比如张

爱玲，她的感情生活就像李碧华所说，是一口古井，任由后人来淘，淘出的都是一地清冷月光。夫唱妇随，才能交相辉映，如果没有温暖的感情，越聪明越悲哀。

6. 心态。精品女人应该心态平和，处变不惊，再棘手的事情也理得清头绪，再大的挫折都能直面。精品女人还应该内敛，张扬是处世大忌，这也就是刘晓庆的悲哀。心态，从某种程度上来说，是一种圆润成熟的处世哲学。

7. 婚姻。无论是钟楚红早早嫁作商人妇，还是林青霞老大嫁作商人妇，女人回归家庭才算修炼成仙。也许这观点不够前卫，但很实在，女人需要的安全感，只有一纸婚书才能满足。

8. 身家。现在流行的是三Z女人：姿色，知识，资本。很多女人具备前两样，后一项却有待加强。女人赚钱，也要讲究姿势，如果沾了一身铜臭，只能去做王熙凤了，像《哈利·波特》的作者J.K.罗琳那样，用知识换资本，倒不失优雅。

9. 声音。张柏芝与周迅一张嘴，就把细腻的美静静捏碎，虽然不至于河东狮吼，却也叫人好不遗憾。声音是女人五官、身材以外另一件犀利武器，如果声音柔美，哪怕是嗔怪、训斥，都有一番天籁般的美感。

10. 气质。气质不能投机取巧地移植复制，也不能一蹴而成，必须有一些阅历积淀，才渐渐成为举手投足间不经意流露出的气息。就像黛安娜，初嫁时满脸怯怯，后来褪却青涩，连眼神里都有着皇家气度。

做个什么样的女人

两千多年前的淑女颂，“窈窕淑女，君子好逑。”有才、有色、有风情的女人是令人心动与神往的，只是那时封建统治下的封闭，男女地位的不平等，这似乎只是皇室与贵族们眼中的好女人标准。

随着时代的变迁，社会的发展，男女的平等，现代世界开放的多样化，女人可以在各个领域各领风骚，呈现出百花齐艳，多姿多态，柔情似水，美艳如火，娇妍如花的美丽风情。

一次与朋友们围坐谈论，“现代社会做个什么样的女人?”大家自然流露出各种各样回答，汇聚一点始终离不开做个美丽女人这一主题。

美丽的女人人见人爱，她不但有外表的苗条柔顺、整齐划一，而且具备生命力的激荡之美，其散发的魅力与香艳往往令人神魂颠倒。

在这个世界上，美丽的女人是一道靓丽的风景线：如婉约淡雅的茉莉，沁人心脾；如浪漫奔放的玫瑰，风情万种；如圣洁素净的月季，清爽朴素，如美艳如霞的枫叶，激情热烈……她们以不同的姿态、不同的容光、不同的神韵、不同的故事，抖下千般风情百种芳华，点缀着一片

灿烂的天空。

从女性角度看，理想的女性是：有知识、有文化、有素养、有气质，生活在自己的信念中，美丽大方，善于处理内外事务，打扮得体，不时尚在前卫里、叛逆里、夸张里，她是本色的、内敛的、自然的，活得平淡、从容、不张扬、不造作，朴素中透出华丽、聪明、敏锐，待人善良而又亲切。

但从男人的眼光看，理想的女性又是如何呢？男人要求女人最好是万能的，集母亲、女儿、妻子、情人于一身。既千娇百媚、风情万种，又温柔体贴、善解人意。他不高兴时是他的开心果，烦恼时是他的消气丸，饿了时是他的大肠煲，冷了时是他的小棉袄，倦了时是他柔绵的吊床。当然还要对他爱得死心塌地，又给他绝对的自由。有时她能倾听他的话语，对他百依百顺，并且能够抚慰他的心灵；有时则希望她能撒撒娇，让他扮演保护者的角色。

然而，男性所追求的理想女性，没有一定的准则，有时安抚失意的他，会认为你是天下最好的女人，有时则会怒骂道："真啰嗦，谁要你多管闲事。"所以，男性所追求的女性魅力，也在不断地改变。当然，女人不是为了讨好男人而修炼，女人是为了能折射自己的魅力而历练。因此，能够随时随地、分分秒秒不停地变化，就是女性魅力所在。

生活中常见这样的女人，自然之貌无可挑剔，貌压群芳，醒人夺目。然而遗憾的是，她却善于摇唇鼓舌、搬弄是非，在人群中说东道西，好像博学多才，实则冥顽不灵。有的女性，只见她嘴巴一张一翕，说孙某太胖，说赵某太瘦，说钱某太妖艳，她的声音在大街上如五雷轰顶，在房间里四处冲撞，这样的女人何谈美呢？

生活中还有另一类女人，只知衣食父母、丈夫孩子，不闻知识，不问文化，终日为生计忙碌，虽不乏贤淑，甚至可以称作富有牺牲精神，但让人看着总觉得有几分欠缺。工作中我时常听到一些受访妇女说：“我为他放弃自己正在进修的学业，一心理家，一心照顾孩子，早上能让他清爽出门，晚上能让他有可口的饭菜，孩子帮他养得那么白白胖胖，我哪点对不起他了？你看，我牺牲了我的娱乐时间，我的兴趣爱好，甚至舍弃了我的事业，这缺心少肺的居然还要跟我离婚？”当我们与男方协调时，听到男人的话则是：“我不想她一天‘三转’——围着我转、围着孩子转、围着锅台转，她应该舍弃‘保姆’的角色，回到从前善打扮、善交际、有自己个性的时代去，我不是嫌她老了，只是觉得彼此间已没什么可以沟通的了。”男人的一番话，不得不令我们女人深思。

做个什么样的女人？毋庸置疑，世上没有两个长相、气质、性格完全相同的女人，然而每个女人都有她独特的美。培根说：“美，不在颜色艳丽而在面目端正，又不尽在面目端正，而又在举止文雅合度。”那种摄人心魄的气质无须任何刻意的修饰，是一切“做作”所做不来的。它是天然灵气赋予的，是清新脱俗，落落大方，温柔善良，是智能彰显的内在质量；是一种人格，一种文化，一种修养，一种品位，一种美好情趣的外在表现，是一切自然的合成。

做个温柔体贴的女人。温柔能散发出一个人的兴趣情调、品德修养，温柔是发自内心的女人味，女人的温柔，可使美丽的纯洁变得高雅且平易近人。在纷繁琐事忙碌中温柔，在轻松自由欢乐幸福中温柔，在柳暗花明时温柔，在关切和疼爱中温柔，在负担和创造中温柔，温柔体贴的女人总让男人心仪。我很丑，但我很温柔，是一种美，是一种令人崇敬的人格。

做个知书达理的女人。常有人惊诧有些女人总有种让人过目不忘、回味无穷的气质，其实这种气质需要岁月的浸染、学问的充实、修养的支撑方可在全身弥漫，绝非一朝一夕。所以美丽的女人应该是爱读书，读好书，爱读书的女人亦会变得像一本好书那样经久耐看。“腹有诗书气自华”，爱读书的女人从来不丑，爱思考的女人美丽无比。以书作舟，还能云游四海，即便安坐家中，亦能将万水千山走遍。这时的你，会散发出由内而外的迷人风情。

做个美丽性感的女人。如果说读书是为了悦心的话，修饰则是为了悦目。假如你天生丽质绝不自弃，精心呵护和修饰，必将锦上添花，傲然绽放成一个性感妩媚的女人。性感不等于肉感，也不一定与漂亮有关，那是一种超越视觉、“撩人于无形”、成之于内而形于外的独特气质，这是需要用心去经营和积累的。

做个独立人格的女人。人格的独立是女性最大的魅力，女性要自我发展，在家庭当中确立自己的独立地位。有的妇女在离婚时会说：“我以前对他那么好，将自己的整个身心都放在他的身上，从没考虑过自己，可如今，他还抛弃了我。”很明显，这种女人没有独立的人格，仅仅只是将自己作为丈夫的附属品。女人的温存应该是建立在独立人格的基础上，但做独立的女人有时比成就一项事业还难，因为这不仅需要战胜骨子里潜伏的传统观念，还要在伸手可及的幸福和诱惑面前战胜自己，具备“粪土当年万户侯”的气概，这样的女人才最具内涵。

做个从容自在的女人。从容的女人总是微笑面对困难、面对环境。她不为日常琐事而计较，不为生活压力而焦虑，不为儿女情长的善变而烦恼忧郁。委屈时，她躲在房间品味《命运交响曲》的强有力；失意时，她用肖邦的钢琴曲梳理潮起潮落的心绪；挫折面前，她告诫自己重新振作，适应新的环境；苦难面前，她命令自己跨过颓唐，去拥抱新一轮太阳。在山涧小溪，她是清澈的水滴；在飞天瀑布，她是奋不顾身的飞花碎玉；在浩瀚的大海，她又如汹涌的波涛。

做个广结良缘的女人。女人除了爱情、婚姻外亦需要异性的友谊。有了异性朋友，有了蓝颜知己，你的软弱和寂寞便能找到寄存的地方，你的温柔和细致也能找到施展的天地。同样，女人也需要红颜知己。当你步入中年，貌衰色驰，岁月的痕迹已悄然爬上了你的眉梢，这个尴尬的年纪已没有足够的芳华吸引男人的目光；而且这个年龄，经过岁月的打磨，基本已刀枪不入，对偶尔来自男人温柔的目光和情意不再轻易感动。那么，来自同性的友谊会令你更加温暖和踏实。这时，同性间的关系已从竞争、敌对变成了推心置腹和休戚与共。不时将安慰的话语送给沮丧的同事；不时把省吃俭用的钱物送给不幸的邻居。善待生活，善待他人。

漫漫人生路，女人的美丽来源于对自己的不断塑造。有人讲：女人有态，三分漂亮可增加到七分；女人无态，七分漂亮可降落到三分。她如火之有焰，如灯之有光，如金银之有宝气。女人呀，不要得意青春的娇艳，不要满足犹存的风韵，更不要感叹岁月的无情；你应永远保持健康美丽、兰心蕙质、秀色可餐，让你的存在使爱你的人生活得更美好更快乐！若能如此，你便永远是最美丽的女人，也是男人一生的最爱！

好女人说不完，好女人写不完，好女人抒不完，好女人画不完，只愿天下女人尽其所为，造就自己是最完美的女人。

什么样的女人让男人心甘情愿

在这个世界上，为了女人而疯狂地付出自己一切的男人不少，他们心甘情愿地为女人们奉献自己，燃烧自己。

这样的例子举不胜举：商朝的暴虐纣王与蛇蝎女人妲己，千金买笑的周幽王与冷美人褒姒，乱世枭雄吴三桂与绝代美人陈圆圆，还有2004年上演的大片《特洛伊》里的特洛亚王子帕里斯与斯巴达王后海伦。这一个个事例说明了，女人在很多时候可以让男人抛弃自己的一切，心甘情愿地为她付出。

说到这里，有人要说了，这些都是美女，我们并没有天姿国色，没有绝色佳容，怎么才能让男人也对我们死心塌地呢?

我认识一个女子，她并不漂亮，中等姿色，如人群中的你我一样普通。但她很会打理自己，很会享受生活，举手投足中女人味十足。

初识她时并不好接近，直到言谈之中接受了彼此，聊天才愉快了起来。

她的衣服不张扬，却十分有品位，皮肤干干净净的，半高领的浅玫瑰红羊毛衫，黑色束腰外套，质地一眼看上去就不错，眼角涂着淡红眼影，十分搭配。

那一天，我们吃的是一家小小西餐厅的套餐，她点了自己想要的后，问我："想吃什么，自己点吧!"

开始还真有些不习惯，因为看上去她好像不大会照顾人，但是感觉她好像总是在不露声色地观察我的一举一动，却又很懂得礼貌和分寸。那一顿饭她吃得有滋有味，很享受的模样，而且一点都没浪费，盘子里最后干干净净。那种享受和品位生活的感觉让我震惊了许久。

这类女人的确很会享受生活，经济独立，会花钱，会打理自己，这并不是缺点，相反是很多女人缺乏的，她们花自己的钱，享受时尚的生活，如果没有她们，商业也不会在现今这个社会发展得那么迅速。

她们或许并不漂亮，但是她们绝对会打扮自己。会打扮的女人让自己的身价倍增。她们了解男人喜欢女人什么，并尽可能地让自己给男人一种强烈的感受——她真漂亮。其实她并不见得真漂亮——即使是假漂亮，也可以满足一些男人对女人美的渴求，并为之打造取悦她的条件。她们对自己有一种绝对的自信，这就是一种美丽。

她们始终有自己的观点和高度，绝不轻易苟同别人，能够很认真地听取别人的意见，能够用自己的理性来分析事情，而不是一味地感情用事。

她们并非冷冰冰的无法接触，她们同样的小鸟依人，她们一样地知道如何去撒娇发嗲，让男人心甘情愿地被她所迷。因为男人至少在那一刻享受了温情、舒适，看着女人坐在暖和的房间里，只穿着薄薄的小毛衫，刚刚从浴室里蒸腾出来的皮肤粉嫩新鲜得吹弹欲破，涂满了指甲油的小手端着一碗滋养的米粥轻轻地吹着，然后和你聊一些轻松的话题，不时地用眼神温柔的眨你一下，撒个娇，说声你真坏！哪个男人能不动心呢，又怎能不心甘情愿地去为她做令她高兴的事呢？

她们对金钱和权力也向往，但她们从不抱怨自己没有机会嫁个好老公，更不会利用自己的色相去迷惑那些有钱有权的男人，她们绝不会用破碎的人格换来荣华富贵，因为她们知道那种幸福是畸形的，是不长久的。

因为她们知道一个女人的真正魅力和漂亮没有太直接的关联，那是一种女人发自内心的动力。她们底气很足，见多识广，眼神里没有逃避和躲闪，神态自若。

她们和朋友聊天的话题或许不是男人，她们喜欢的是一种生活的氛围。谈一谈某个地方的风土人情，聊起在海边的某个小木屋里喝咖啡，或是在某个露天温泉里神仙般地泡汤，眼神里全是温暖，于己于人都是一种享受和愉悦。

这样的女人是精彩的。

这样的日子是她们自己给自己的，所以可以长久。

自然的，男人也会对她们心甘情愿地付出爱！

温柔是女人最好的武器

抛开容貌、体肤不说，单就可爱女人的气质、情致而论，那千种娇媚、万般风情，谁又能说得尽呢？说不尽吗？其实最主要的就是温柔。

作为女人，你尽可以潇洒、聪慧、干练、足智多谋、文韬、当女强人、会办事儿，但有一点不能少，你必须温柔。

女人存在的理由就是因为她具备男人所缺乏的温柔。温柔，这是作为母亲和妻子的女人不可缺少的一种基本的资质和品性。

“温柔”这两个字很自然地就和关心、同情、体贴、宽容、细语柔声联系着。温柔有一种无形的力量，能把一切愤怒、误解、仇恨、冤屈、报复融化掉。在温柔面前，那些吵闹吼叫、斤斤计较、强词夺理、得理不饶人，显得那么可笑又可怜。

温柔是一场无风无雷的小雨，淋得你干枯的心灵舒展如春天的枝叶。

女人，最能打动人的就是这温柔。温柔像一只纤纤细手，知冷知热，知轻知重。只这么一抚摸，受伤的灵魂就愈合了，昏睡的青春就醒

来了，痛苦的呻吟就变成甜蜜幸福的鼾声了。

温柔是女人特有的武器，哪个男人不愿意被这样的武器击倒！温柔有一种绵绵的诗意，她缓缓地、轻轻地放射出来，飘到你的身旁，扩展、弥漫，将你围拢、包裹、熏醉，让你感受到一种放松、一种归属、一种美。

看一个女人善良不善良，就看她是不是温柔。人总是以善为本，可善良是看不见摸不着的，就从温柔不温柔看。如果善良是平静的湖泊，温柔就是从这湖上吹来的清风。

一个不温柔的女人根本谈不上善良，就算她有倾城倾国的美貌再加上一百条优点和一千种特长，也绝不是可爱的女人。

温柔是一块磁石，只要你进入它磁场之内，你就不知不觉被它吸引，想躲也躲不开。

温柔里面包含着深刻的东西，不是生硬地表演出来的，而是生命本体的一种自然散发。只有生长于生命内部的这种真性，才经得起考验，历久不衰，一直相伴到生命的终结。

注意，那种不知温柔为何物的女人，当她表白爱的时候，你可要小心，千万别上当！

温柔可不是娇滴滴、嗲声嗲气，这里有真假之分。娇滴、嗲声嗲气是假惺惺，是故作姿态。而温柔是真性情，是骨子里生长出来的本能的东西。

温柔是人人都能感觉到的。一个女人站在面前，说上几句话，甚至不用说话，就能感觉出这个女人是温柔还是不温柔。

温柔的女人给他人如沐春风的爱恋，也给了自己最美丽的幸福滋味。

10部电影教女性成熟

《乱世佳人》(1939年出品)

学习：坚强。

原著得到很多女性读者的青睐，而改编影片则和原著一样出色。影片荣获第12届奥斯卡七项大奖，这些奖项的任何一个都足以引起人们观看的欲望。克拉克·盖博和费雯丽在片中演对手戏，就足以让4个小时的影片变得不那么冗长。片中突出的郝思嘉坚强的个性将刻画在每一个观看者的心中。

《简·爱》(1944年琼·芳登版)

学习：尊严。

她说：“……我们站在上帝脚跟前，是平等的——因为我们是平等的！”虽然这是一部很老的片子，但经典名著并不会因岁月流逝而变得黯淡，当初该片影响了一大批知识女性。不美的人也可以有很美的爱

情——如果她像简·爱一样，爱情会使她变美。

《蒂凡尼的早餐》（1961年出品）

学习：反对虚荣。

你可能不知道这部影片，但你一定知道片中的插曲《月亮河》。奥黛丽·赫本在片中边弹边唱《月亮河》的形象令人心动。片中突出的主题：“反对虚荣和金钱至上”使其绝对应该被现代女人好好看上一看。

《母女情深》（1983年出品）

学习：亲情。

罗拉和埃玛母女之间一直存在着隔阂和冲突，以致埃玛为了使自己脱离母亲的影响，用去了30年时间，但直到临终之际她才发现，自己对母亲的亲情让她无法释怀和割舍。这部诠释母女复杂亲情关系的温馨小品，当年以黑马姿态赢得了奥斯卡5项大奖，并被认为是20世纪80年代最感人肺腑的影片之一……

《漂亮女人》（1990年出品）

学习：浪漫。

朱丽娅·罗伯茨成功地饰演了这位热情、聪明、漂亮、诚实的妓女后一举成名。甚至被认为这是继赫本《罗马假日》的表演以来最令人鼓舞的演出。究竟什么是浪漫，恐怕要由片中的朱丽娅·罗伯茨演给你看。

《末路狂花》(1991年出品)

学习：女权。

美国1991年夏季10大卖座片之一。这部影片被认为是一部典型的女权主义电影，成功地描写了女主角作为普通妇女，在男性的压迫下，被迫走向极端……

《钢琴课》(1993年出品)

学习：沟通。

该片获得第46届戛纳电影节金棕榈大奖，女导演简·坎皮恩用女性思维和感受去拍一部女性题材影片，应该更符合女性观众口味。影片给人印象最深刻的是主演霍利·亨特饰演的哑女，只靠动作和表情就能获得奥斯卡女主角奖，可见沟通的力量。

《关于我母亲的一切》(1999年出品)

学习：另类。

在这部影片中你可以找到母亲、女儿、女演员、女同性恋、修女、妓女、变性人……西班牙导演阿莫瓦多以善拍女性类型影片著称，而该片囊括了1999年奥斯卡奖、金球奖等几乎所有国际重要奖项。影片结尾字幕显示：“献给所有演出的女演员，献给所有的女人，献给所有扮演女性的男人，献给所有想成为妈妈的人，献给我的妈妈。”

《时时刻刻》（2002年出品）

学习：选择。

以西方女性主义思潮的先驱人弗吉尼亚·伍尔夫为原型之一，根据1998年的普利策获奖作品改编，妮可·基德曼、朱丽安·摩尔、梅丽尔·斯特里普三位明星强强合作，饰演了三个不同时代、不同命运和思想的女性，反映了她们在自己的时代里对命运的选择，从女性视角再次探讨了生命的意义。影片拍得很精致，是近年来值得推荐的女性题材影片。

《女人那话儿》（2002年出品）

学习：性爱。

女导演黄真真伙同全女性制作班底，花了6个月的时间，捕捉现代女性最豪情、最傲慢、最真实的一面，拍摄过程中全部谢绝男宾，以达到这群女性至情至性的境界。这是一部实录式的影片，超过63位不同的女性，透过银幕讲出女性最想讲的话，讲述性爱、爱情观等。究竟现代女性怎样看男人？怎样看性？就让女人自己来说吧。

漂亮女孩和普通女孩，你是哪一个

漂亮女孩拥有漂亮的面孔和很好的身材，她们是众多男生的追捧对象。她们的天空总是晴朗，大家都认为她们很幸福。

普通女孩拥有普通的面孔和普通的身材，很少有男生注意她们。看着周围的一切，有时她们也会抱怨生活的不公平。

漂亮女孩周围总是有很多不同凡响的男孩，至少感觉很优秀。既然有这么优越的条件，漂亮女孩自然提高了眼界，她们勾画出的未来的男朋友或者爱人的形象无疑是完美无缺的。她们不停地选择，她们需要浪漫的快乐，等待她们的白马王子的到来。

普通女孩像普通人一样生活，很多时候身旁的男孩把她当做朋友却又经常忽视她们是女孩的事实。她们也会想象自己的白马王子，不同的是他是一个普通的人。普通女孩可以容忍男朋友有一些缺点，她们只需要一生一世不变的爱。

漂亮女孩经常不知道该选择哪一个，常常对着月亮祷告，让神来给她答案。

普通女孩相信自己的选择，也相信自己要托付一生的那个人。

漂亮女孩有太多的机会，她们喜欢捉弄机会，喜欢短暂的浪漫，以展示她们的与众不同。她们经常告诉追求者：“你只是他们中的普通一个。”

普通女孩用心去珍惜每一次机会，她们用一颗心来维护这段感情的持久。她们会用眼神和目光告诉他：“你是我一生的选择。”

漂亮女孩的追求者每天都在考虑两个问题，一个是“情敌又多了吗”，一个是“我怎么样才能胜出”。通常第一个回答是肯定的，而第二个很多是想不出答案的。

普通女孩的追求者只会偶尔想一想：“如果她答应我了，我们要去哪里约会?”

漂亮女孩的男朋友和她的追求者并没有本质的界限，虽然拥有她是蛮自豪的。但每天躺在床上又要打算着明天的战斗，通常这种生活都要保持到漂亮女孩披上婚纱的那一刻。

普通女孩的男朋友虽然没有那种自豪，但是心中很幸福，他默默告诉自己，生活需要平淡，我寻找的是风雨与共的爱人，而不是用来炫耀的商品。

漂亮女孩经常不经意地把男朋友当做奴隶，因为她们觉得这是应该的。她们毫不客气地做法国餐馆的常客，穿GUCCI的衣服，用着最时尚的手机。那微微翘起的嘴角仿佛在告诉男朋友：“你女朋友我是最漂亮的，所以享受这些是应该的。”

普通女孩体贴入微地关心男朋友，因为她们觉得这世界无论多苦多累，都不是自己一个人走。无论未来多么变幻莫测，都是两个人共同应付，珍惜他也就是珍惜自己的未来。普通女孩偶尔也会奢侈一下，只会让男朋友记得温馨与可爱。

漂亮女孩的爱情充满浪漫，她的心中从未考虑什么是持久的爱情。

普通女孩的爱情平淡无奇，她的心中向往浪漫，却更懂得天长地久的珍贵。

漂亮女孩的丈夫都很出色，出色的丈夫身旁有很多比漂亮女孩更漂亮年轻的女孩，于是漂亮女孩开始了保卫爱情的战役。因为她们知道当初自己是靠什么吸引丈夫的，那么那些女孩也同样可以吸引他。只是，漂亮女孩开始在心中问自己："到底什么才是真正的爱情。"

普通女孩的丈夫有的很出色，虽然也有出色的女孩围绕在他周围，但是普通女孩知道，在众多候选者中选择了自己的丈夫不会背叛自己，因为他懂得爱情不只是美丽的外表。普通女孩会对自己说："我想我知道爱情的奥秘了。"

漂亮女孩的家庭并不稳定，漂亮女孩的漂亮外表逐渐变老。她在心中有很多疑问："当初我在追求什么，我又获得了什么?"

普通女孩的家庭很幸福，常常听见自己刚刚懂事的儿女趴在耳边说："妈妈，你是最漂亮的。"于是普通女孩笑了。

时间过得真快。漂亮女孩和普通女孩没有什么区别了，岁月无情地掩盖了漂亮女孩原来自傲的外表。或许这时漂亮女孩终于懂得，到底什么才是爱情。

普通女孩依旧普通，普通的心在回忆过去，在儿孙满堂时告诉别人，我没有错过珍贵的爱情。

写到这里，如果你是个漂亮女孩，那么请原谅，我要说漂亮并不等于一切，上天的安排只是一种随机的选择，最终的幸福要自己用心去走，不要让自己美丽的容颜反倒成了负担。生活需要美丽，但美丽不是人生的全部。

如果你是普通女孩，那么请抬起头，因为世界并不仅仅是漂亮女孩的，懂得爱情的人是不会因为漂亮的外表而委屈自己的感情的。相信自己，相信爱情，用心珍惜，用心去爱，生活原本精彩。

>> 第五章

恋爱大作战：抓住你的他

◎ 最近看到一个广告，非常喜欢。

广告中，一个穿白衬衣、眼睛明亮的男人坐在火车上，微笑观望着窗外渐渐而过的风景。接着旁白缓缓而至："人生就是一次旅行,不在乎时间的长短,在乎的是旅途的风景和看风景的心情!"

画面让人感觉温馨、平静。每每看完，心里仿佛透射出一道光线，会如同画面般变得异常柔和。

我想，人生的确犹如一段旅行。其实在生命这段旅程中，每个人都一样，起点到终点，历经不同事物，然后殊途同归。

而其中的过程，难免受各种是非干扰，当面临它时，不妨释怀一点，从容对待。

人生的列车呼啸而去，而轨道并未确定。

也许，人生更应该被称作是一架飞机，有高潮，有低谷，风景如何，全凭自己选择。

恋爱亦如是。

有人说，喜欢一个人，不一定要得到他。远远地看着他幸福地生活，才是最真的爱情。可是，又有多少女人能够承受等待的痛苦呢?

幸福是只太过调皮的青鸟，要靠你自己去追逐，方能得到。否则，它只会拍拍翅膀，越飞越远。

以下的文字，也许会对追逐幸福的你有所裨益。

男人为何钟情不同类型的女人

初升太阳，满城春光。窝在沙发上，用双竹筷，将泡好的泡面，直往嘴里递送，眼睛却目不转睛地盯着计算机屏幕。

看到有人在写："一个人，要遇见对的人很艰难。爱情也就变得随遇而安。我们都在奢侈地孤独着，用一颗热情的心，寻找着自己的另一半。"

我们都在寻找，像上了发条一样，在不断地寻找着自己的另一半。到底是我们在寻找爱情，还是爱情在寻找我们，将我们凑合在一起，变成圆满?

爱情，是女人一生的课题。一直在研究爱情，却一直不了解爱情。

有的人会就此妥协。未经过爱情，便直接走入婚姻。婚姻是实体，一张纸便可以证明；而爱情是虚无，犹如捕风。爱情是一回事，婚姻是另外一回事，完美的爱情只是自我想象而已。

有的人一直在坚持，寻找那个适合自己的人。或许他在另外一个国家，另外一个城市，你们穷其一生都未能相识。我们是要刻意寻找，还是期待着偶然遇见？向左向右向前看，爱情要拐几个弯，才姗姗来迟？

曾经遇见过的人，在擦身而过的瞬间，连说再见都是一种奢侈。所以我们在很多时候，会陷入一段貌似爱情的幻想里。心里却清楚地知道，这只不过是自己的自作多情与对爱情的渴望。

我们都在人生这段旅程中，不停地奔跑，一站又一站。遇见风霜，遇见冰冻，遇见荆棘，遇见河流，遇见露珠，遇见阳光，遇见甜美，遇到所有丑陋与美好。在每个栖息的时间里，也注定会遇见不同的人。

所有的丑陋，我们独自承担；所有的美好，谁来一起分享？有的就此擦肩而过，不留有一点痕迹；而有的人，总会在经过之后，莫名其妙地回忆。

有人在窃窃私语，有人在低声吟唱：遇见谁，会有怎样的对白。等的人，他在多远的未来。听见风，来自地铁和人海。排着队，拿着爱的号码牌。往前飞，飞过一片时间海；我们都曾在爱情里受伤害。看着路，梦的入口有点窄；只有遇见你，才是最美丽的意外，也是天底下最好的安排。

一个拥抱，一个暧昧的微笑，便可以地老天荒。

爱情的形式，永远都只有两种：合、分。那些暧昧的所在，其实是隐性的合。

然而，不是所有的爱情都是你情我愿。女追男或男追女重要吗？一点也不重要。如果对方不喜欢你，怎么做都不能成功，男人对自己喜欢的女人的青睐受宠若惊，不喜欢的白送也不要。

有一点倒是不同的，男人喜欢的女人范围是很广的，所以他们的追求往往更容易开始；女人心气高，多半是好不容易才瞄准一个，一次发射不中后再找新目标难度很大。这也涉及成功率的问题，男追女成功的可能性自然也大。

通常情况下，女追男是愚蠢的。如果这个追是建立在他也喜欢你的基础上的，那你必然是已从他的表现中获取蛛丝马迹，如借机搭话等，而你也正好有意的话，主动捅破窗户纸，成功可能性当然大。这个能叫女追男吗，分明是一个愿打，一个愿挨。

如果你惊见心中的白马王子出现，虽然对方毫无心中有你的表示，你真爱难弃不管三七二十一，一定要追吗？等着你的大概只有失败。不过失败也是一种宝贵的经验，你可以借此对男人及爱情增加很多知识。

有的女人是这样的，相信真爱能感天能动地，只要我爱他，哪管他爱不爱我，顽石也要化点头。有的采取迂回包抄政策，煲个小汤，送点小礼，慢慢让他明白我的好，这招用在彼此还相配的对象上不失妙计。

所以，女人们要审时度势，懂得把握时机，在恰当的时候抓住一个适当的男人。切忌心急，就算你心里急得冒火，也要不动声色地吸引他；当他向你走来时，你要一边矜持一边暗中挑战，要能够激发出他想要征服你的欲望。

爱情和婚姻就是一个相互征服的过程，不是你征服他，就是他征服你。最妙的是，当他以为真的征服了你而暗暗欣喜的时候，事实上是你俘获了他。

人们煮饺子会在水开时加一点冷水，反复三次左右，才能把饺子真正煮熟，如果不加冷水，不是馅不熟就是皮煮破。有时，男女关系也是如此，过热过冷都会导致破裂。

然而，话虽如此，这个博弈的过程，既然有赢家，那便必然有输者。在告白被拒绝时，让人最郁闷却又最无话可说的一个理由，恐怕就是“对不起，你不是我喜欢的类型。”是啊，不是你什么地方不好，或者有什么缺点，只是人家压根就是不喜欢你这种类型的，让你连改正的余地都没有。就像金大侠的《白马啸西风》里的李秀秀一样：“白马已经老了，只能慢慢地走，但终是能回到中原的。江南有杨柳、桃花，有燕子、金鱼……”汉人中有的是英俊勇武的少年，倜傥潇洒的少年……但这个美丽的姑娘就像古高昌国人那样固执：“那都是很好很好的，可是我偏不喜欢。”

俗话说，“一把钥匙开一把锁。”男人的性格不同，各自钟情的女人也不尽相同。那么，不同的男人喜欢什么样的女人呢？他们这种行为的原因又是什么呢？以下的文字，将试图给出一些解释。

喜欢天真纯洁的loli型女孩的男人

《洛丽塔》中的男人爱上了12岁的小女孩，沉浸于她天真的诱惑中。

心理学中有所谓的“恋母情结”，而喜欢比自己小很多的异性，则是这种情结的反面。

这种男人多数经历过很多，有点沧桑，甚至可能在一些所谓的成熟女人手里栽过跟头。他们自己心中的童真早已不在，却渴望纯洁，他们怕再次受伤，但他们自己已经无法回到从前，于是，他们在对方的身上寻找梦想。在他们眼中，成年、成熟的女人都是世俗的，现实的，不可信任的，不纯洁的。而小女孩，或者说年轻的女孩子，则代表了一种远离世俗的纯白。她们没有心机，不会算计人，也不会有特别贪婪的愿望，这正是他们所追求的东西。

对于这种男人来说，他们并不在意女友是不是有事业基础，能跟自己一起打天下。恰恰相反，他们需要的是个类似于“小宠物”的女友，她必须是弱小的，有着受惊吓的小兔子般的眼神，她要崇拜他，把他当做生命里的神。这样的男人，多少有点大男子主义。

所以，如果你的他正是这样的男人，千万不要试图表现出你有多强悍，甚至比他还强。你可以撒娇似的做个野蛮女友，但在他生气的时候，一定要瞪大无辜的双眼，楚楚可怜地看着他，直到他心疼地把你揽进怀里，说：“宝贝，是我不好。”

喜欢姐姐型女孩的男人

其实他们需要的，既是女友，又是姐姐，又是母亲。

这样的男人，或多或少都是有点恋母情结的。儿时缺少母爱，或者由于母亲太过严厉以至于儿子长期依赖于母亲，又或者母亲太过出色，使儿子产生了想“找个像母亲那样优秀的女人”的想法。

在工作中，他们可以是独当一面的业务骨干、管理精英，而在生活中，他们是颇有些稚气未脱的。他们最钟爱的收集物，很可能是全套的snoopy玩偶，或者micky的周年纪念表。

他们追求的，其实是一种安全感，家的感觉。当他们在外面承受了太大的压力的时候，他最想做的事，就是回到女友身边，以她的膝头为枕，让她温柔的手抚摸着他的头发，紧张的神经这才能舒缓下来。

如果你爱上了这种男人，温柔就是你的超级武器。贤妻良母的感觉，是他最中意的。你要稳重大方，不愠不火，要让他有稳定的感觉，要让他感觉到你会是他永远不变的港湾。

喜欢阳光运动型女孩的男人

这样的男人，是喜欢阳光、露水、青草以及那些原生态的东西的。

他们自己未必有多健壮，但他肯定是某种运动的忠实粉丝。他有充沛的精力，不惧怕生活给他的挑战，就像他从来不怕追不上运动女孩的步伐。他或许会有点大大咧咧，有点鲁莽，但那正是他的魅力所在。

想追求这样的男人，首先要有健康的身体，他是不会让一个整天病快快的林妹妹减少他生活的乐趣的。你可以不懂什么牌子的香水最好，但是你一定不能不知道NBA这个赛季的战果如何。

记住，不要作态，不要虚伪，做个原生态的女孩，才能得到他的心。

喜欢乖乖女型女孩的男人

他们是骨子里最传统的那种男人，认为女人就是要巧笑倩兮，要一低头就有水样的温柔。

看过《还珠格格》么？如果世上真有夏紫薇那样的女孩，他们是无论如何也要去追求的。而在如今的现代社会里，开放大胆的女孩子却令他们招架不来。

想博得这类男人的青睐，仅仅温柔是不够的，你还要有才情。你可以不是最漂亮的，但你必须是气质最好的。

女人留住男人十戒

♥永远不说多爱你。卡斯特罗有句真知灼见：女人永远不要让男人知道她爱他，他会因此而自大。

♥一天只打一通电话。在对方意犹未尽时先挂断，保持适度神秘感，没有男人喜欢喋喋不休的女人。

♥一颗平常心。很少有人一生只爱一次，十有八九的恋爱以分手告终，要以平常心看待欢聚与别离。没有了谁，日子还得往下过。好聚好散，千万别一哭二闹三上吊，这只会使自己变得很可怜。

♥迁就太多就成了懦弱。谁也不欠谁的，爱他是他的福气。在恋爱中两个人都是主角，要有自己的主见，懂得适当拒绝。

♥尽量不要在经济上有纠葛。金钱是个敏感的话题，恋爱男女一涉及现实利益马上翻脸的例子不在少数。感情归感情，金钱归金钱，还是应该泾渭分明，免得赔了夫人又折兵。

♥不要逼婚。太爱一个人就会想要天长地久，这时候就渴望起世俗

婚姻了。别一个劲在男友面前提婚纱啊买房啊，把结婚的渴望明明白白地挂在脸上。如果对方想结婚，不用你暗示他也会去买戒指，反之你的渴望会吓跑他。

♥不要为了爱他生小孩。单身妈妈现在有很多，她们都有一定的经济能力和心理承受能力。如果想用孩子来羁绊男人的话就太不明智了，你不能让对方对你负责，却要去负责一个生命，这不是自找麻烦吗?

♥不要天天厮守。爱情的生命力是有限的，要让爱情寿命长一点就要保持一个适当的距离。如果有了肌肤之亲，千万别摆出一副非你莫嫁的样子，性是双方共同的感受，是感情的升华。

♥对方永远只是一部分。三毛曾经说："我的心有很多房间，荷西也只是进来坐一坐。"要有自己的社交圈子，别一谈恋爱就原地蒸发，和所有的朋友都断了往来，这只会让你的生活越来越狭窄。

♥少喝飞醋少流泪。去问问男人薛宝钗和林黛玉他们会选哪一个，男人哪有精力来向你一一交代这个女人那个女人都只是纯洁友谊?不要太计较对方的过去，干吗非要把他的陈年皇历都翻出来?过去不可能是一张白纸，同时自己也不要把过去一五一十地交代清楚，特别是被人抛弃之类的事情提都不要提。

邓丽君有首歌《我只在乎你》，这首歌不要随便去对男人唱，就算他起先很感动，渐渐地也会觉得压抑，说不定还会苦口婆心劝你说我有什么好的，不值得你这样。

只爱一点点，像观音菩萨用柳枝蘸仙水那样，一点点就够了，一多就泛滥了。

女人应该了解的9个恋爱准则

作为女人，如果你了解了如下准则，或许很快能找到幸福婚姻。

1. 塑造一个理想中的男人只能是枉费心机

其实女人有很多回报率更高的事情可做，千万不要一心想着按自己的意志重新塑造自己的情侣，因为那样做只能导致失败，是徒劳无益的。

2. “儿童”式与“老娘”式均失败

男人所需要的是成熟的恋人，既能成为他的朋友，又能做他的伴侣，而绝不是需要一个未成年的娇女子。一般情况下，娇气十足的女子或者善于操纵他人的女性只会让男人落荒而逃。

3. 女人的愤怒会吓跑所有的男人

通常说来，凡是有过恋爱经历的女性在结识新的男性时，对旧日的恋人总有一种怒火和怨恨，而这种往日的愤怒往往使新伙伴感到万分恐惧。

4. 经常与许多好男人擦肩而过

人的最佳素质往往不易被发现，只有在相处一个阶段之时才会大放光芒。所以说女人很难一下子发现她们身边的好男人，反而被那些表面上“风流潇洒”的男士所迷惑。其实这种英俊洒脱的男子只能给女性以最初的激情，绝不可能向女伴奉献持久的爱情。

5. 女性的期待换不来美好的爱情

生活中随时都会出现某种意想不到的惊喜，这是由于人们没有刻意期待惊喜场面的发生。男人讨厌女性对爱情生活怀有某种期待，因为他们更喜欢看到一切都在自然中发生。因此，女性过分期待只能导致生活变得枯燥乏味，缺乏知己。

6. 懂得生活的女性总是刚柔并举

女性的刚毅与温情的完美结合能够创造恋爱生活的奇迹，使异性之间的交往变得健康而富有情调。聪明的女人懂得欣赏自己身上女性的魅力，同时也相信自己有能力吸引她心目中的恋人。正因为她对自己充满信心，所以才能在刚毅的基础上表现出女性特有的温柔。

7. “寻觅”心上人必须积极主动

优秀的男子不会从天而降，必须依靠女人自己去创造机会积极争取。聪明的女人绝对不会消极地等待着心上人的出现，她们会主动出击，成功地把握住时机，发现并得到男人的爱情。这种女性懂得享受爱情过程中的乐趣，至于最终能不能获得异性的情爱，却并不是最重要的，至少她已经尽力了，而且拥有一份快乐的感受。

8. 浪漫的爱情需要有所牵制

恋爱中的男人精神始终处于亢奋状态，这是很自然的。也就是说，当男人在追求女性的时候，他的心态是积极的，同时也有几分激动。但是，一旦他们得到了想要的东西，激动的心情便会随之消逝，不再感到刺激。因此，和对方保持一定的距离感和神秘感有助于发展长久的恋爱关系。

9. 男人不说出爱的承诺

男人在恋爱中不愿意给予女方过多的承诺，甚至根本就不做承诺，这一直是女人猜不透的谜。虽然他们已经通过自己的行动表达了他们的立场，但是要得到他们的口头承诺却很不容易。聪明的女人懂得如何用巧妙的语言引起男人心灵的震撼，迫使他们对爱做出承诺。

如何吸引他

女性对男性总是有一种强烈的吸引力，什么样的女人最具吸引力，怎样俘获男心，这些问题恋爱专家都已经进行了深入细致的研究，总结了不少经验。

女性的肢体语言最能刺激男人，使他一步一步地接近你。

1. 利用发香：把头靠在他肩上，女孩的头发香味对小伙子有很大的诱惑力。

2. 动作：可随便摸摸耳环、手镯，拉一拉裙摆，对男性而言，这些都是具有吸引力的动作；不过，你必须是面无表情地不当一回事。毫无表情的脸以及上述的小动作，会使你的男友感兴趣。

3. 显露羞态：说话时与男友并肩而坐,心理学称面对面的空间为“理性空间”，而将并肩而坐的“空间”称为“情绪空间”，这样的姿势再加上红着脸羞羞答答地低声呢喃，像小孩子撒娇一样，会激发他的情绪，哪个男孩子会不心动?

4. 凝视眼睛：面对他，睁大眼睛直视他的眼睛，眼里流露出你对他的爱意，好像暗送秋波一样，或者索性眯起眼睛，有时眯眯眼也很有吸引力的。

5. 微笑：笑的时候只需稍微牵动唇角微微一笑即可，在有些场合一定不要张着大口哈哈大笑，那样对方会认为你不拘小节，没有含蓄的魅力。

女性吸引男性不但要注意肢体，还要在心理上做文章。男人的心理是视恋爱时的情人为女神，愿为她承担一切义务，她的要求不敢违背。摸清了男人的心理，也就抓住了男人的心。

1. 男人追女人就好像百米赛跑，他们认为一种越难以获得的目标，就越能显示它的神秘，他就越要获得。所以，对你的男友不要事事迁就，总向他表露爱意，那样时间久了他会觉得没有意思，对你厌倦。最好你能把自己变成一条终点的红线，让他拼命跑上来抓住你。

2. 人人都希望自己的另一半在各方面都很完美，所以你要扬长避短，让你的每一个优点都吸引着他，而使他忽视了你的缺点。

女人，对男人来说是那么神秘，然而并不是所有的女人都能让男人销魂荡魄。那么，为什么有些女人总是具有神奇的魅力，能使男人们为之倾倒，甘愿拜倒在她们的微笑下面？她们成功的秘诀在哪里呢？在于某些特质，这是美貌所不能比的。

温柔、体贴、有见识、有仪态、撒娇、任性、独立、大方、爱美、善于交际、另类、有耐力等都能博得男性的喜爱，使他们不由自主地向你靠近。

聪明女人“护夫”守则

你知道当代男人最在意什么吗？在最近的一项有趣的调查中，被问及这个问题的男人几乎都不约而同地回答，“面子！”男人需要有面子，男人也最怕失去面子。

我们常看到男人时时处处在捍卫面子，有谁看到男人丧失面子后会怎样？丧失面子的男人一是变得疯狂，二是变得超然物外。无论走到哪个极端，其实对女人都很不幸。聪明的女人肯花心思维护自己男人的面子，把两个人的小氛围经营得越发和谐。

1. 聪明的女人不妨示弱

台湾来的李先生在北京开了一家餐馆，生意兴隆。一日餐厅打烊又遇夫人河东狮吼，李先生情急逃至桌下，恰好客人返回来寻找丢失的东西，正好撞上，进退尴尬。这时八面玲珑的李太太急中生智拍了拍桌子：“我说抬，你要扛，正好来帮手了，下次再用你的神力吧！”李先生顺水推舟，直夸夫人想得周到，一场面子危机轻松化解。

2. 聪明的女人不妨装傻

雨桦和丈夫结婚10年，依然恩恩爱爱。她的秘诀是：给老公最大的面子。在她卧室的墙上有一个字条，上面是她制定的“家规”：第一条：历史证明老公永远正确。一切事情都由他做主；第二条：万一他不对，仍参照第一条执行。后来老公在感动之余又添了一条：夫人享有总裁决权。

3. 聪明的女人不妨谦和些

不要以为你告诉了他，他就会按照你的要求去做，当我们希望得到既定的结果时，一定要为对方的接受程度考虑。比如他在刷过牙后总忘记把牙膏盖盖上，你就多说几句“请”，而不要向他频频甩出“不要、不准”之类的话，那样他一定会欣然接受，而不会恼羞成怒、不理不睬。

4. 聪明的女人内外有别

不管你在家里把老公当电饭煲还是当吸尘器，一旦涉及他的面子时，一定要小心谨慎，就像手捧一件古老、珍贵的瓷器。给他足够的面子，才能获得“高额回报”。

5. 聪明的女人可以陪他一起流泪

其实男人很累，睁开眼便是各种责任和义务，他们不敢承认自己也有非常脆弱、需要关怀的时候，在他志得意满时，请给予他足够的欣赏。当他遭遇了不公和挫折时，不妨陪他一起流泪。然后尽快忘却，旧事不提。

6. 聪明的女人多练心

记住，不是操心是练心，如果你想给足男人面子，还要多多练心。

你的修养、你的谈吐、你的风韵、你的容颜、你的智慧、你的笑容，都是陪衬男人面子的重要组成部分。要不然只有玉树临风，没有佳人相伴，那面子最外层的金边该怎么贴呢？

7. 聪明的女人是“心理母亲”

撒娇，并不是孩子和女人的专利。一次大规模的家庭调查显示：其实男人比他们的妻子和孩子更爱撒娇。这一结果是哈佛大学公共卫生学院在调查走访了1400多个家庭后得出的。

在性别角色的分工中，母亲是无条件呵护、滋养、抚慰我们的人，母亲自然成了人们撒娇的对象。女性本身就有母性的特征，这也是男人私下里更容易在女人面前撒娇的原因。

男人在外受了委屈，往往选择沉默。但当他们回到家后，便会把脆弱暴露在自己的“心理母亲”——妻子面前，以获得心灵上的“安慰”。在他们的潜意识中，撒娇的感觉就像是回到母亲的怀抱一样。男人在成年后，很少能有孩童时期的被人关爱的感觉，这一点，他希望能够在女性主动的爱抚中体会到。所以，聪明的女人，应该在男人撒娇时，主动敞开胸怀去接受他。

10种最不受欢迎的女生类型

不少女孩屡次在感情上失败，可总也不知为什么。其实问题关键还是出在自己的身上。有关专家列出了10种不受欢迎的女孩子：

1. 冷漠自傲：莫名其妙拒人于千里之外，一副无一友可与之交心、无一人可与之相比的架势。

2. 无同情心：女性的同情心使女性独具魅力，对弱者和受欺负的小孩、小动物没有一点怜悯和同情，这就会使人想到狠、辣。

3. 自以为是：凡事强调个人观点，妄自尊大，不懂装懂。明知自己有错，也不愿承认。竭力给人以能干的印象，处理起具体问题来却总是乱作一团。

4. 浓妆艳抹：女孩的年龄就是最好的化妆品，清纯自然才是女孩应该追求的，浓妆艳抹难免让人感到可怕和俗气。

5. 无责任感：处理事情很少考虑他人，只求自己痛快，盲目追求时髦、浪漫。

6. 参与意识：喜欢打听与己无关的事，热衷于传播小道消息，不尊重好朋友对自己的信任，以张扬他人秘密为乐事。

7. 施舍爱情：有的女孩喜欢扮演圣母的形象，随意地向喜欢自己的男孩子施舍爱情，给他人造成严重的心灵创伤还不以为然。

8. 花钱似水：把大部分的时间和精力花在装扮自己上，向父母伸手要钱仿佛要债一般。这样的女孩子必然让人望而生畏，觉得养不起。

9. 无分寸感：有的女孩不分场合嘻嘻哈哈，或是出拳动脚闹作一团，让人觉得很不自在。女孩子笑得太多太滥，会让人觉得浮浅。

10. 泪水涟涟：女人的眼泪是男性心肠的柔化剂，可增强男性的责任感，但若一遇不顺就大哭特哭，谁都会感到厌烦。

美女迷倒男人的22种性感

谁说只有美丽、丰满、野性的女人才性感？最耐人寻味的性感从来都是超越视觉，成之于内而形之于外，先天之外，亦得靠后天一点一滴的经营与培养。问题反而是，追求及表达性感不会有违今天的新女性价值观吗？看以下各种性感新主张，你自会对性感有全新的视野，并从中感染能引人遐想的性感魅惑。

性感之所以是性感，在于它能引发一种性的吸引力。性感这回事，放在不同的女性身上，自会散发出不同的味道或产生异样的效果，这要看其发放的形式是否高明及是否有意境（朱茵式的性感、周海媚式性感跟宫雪花式性感便给人截然不同的观感）。例如，“看”来性感与本身就性感，引起人性冲动与诱人遐想的性感，媚俗的性感与优雅的性感自然是两个不同的层次。

另外，有不少女性误把肉感当做性感，又或者太着急地表现性感，太张扬地搔首弄姿，殊不知更高境界及富有美感的性感，才是杀人于无形的“性感在骨子里”。

时至20世纪90年代末，越来越多的女性都只为讨好自己而不单为讨好男人而性感。正如今天的女性爱好打扮只为“自我感觉良好”，而不是“为悦己者容”。何况，性感本来就是每种雌性动物都有的天赋条件。从前清纯的朱茵，在形象上搞点“小动作”后，不也可以变得像只性感小野猫吗？女性刚醒来时的一对惺忪睡眼、喝酒后的微昏与一脸绯红何尝不性感，而这正是构成美感的元素，故性感有何要压抑之理?!

而当今的最新性感形象亦已突破芭比娃娃、坏女孩德鲁·巴里摩尔等只着重身段或所谓“贼性感”的单一形象，如今被认为性感的典范亦已涵盖至甚少暴露、甚至形象清纯及健康的形象如薇诺娜·瑞德、安迪·麦克道威尔、吉娜·戴维斯、朱丽娅·罗伯茨，甚至是较清爽及不那么女孩化的小红莓乐队的主唱德洛丽丝·奥里奥丹。

看过以下的种种性感新主张，你自会更懂得从内至外、从头到脚去发掘、释放及表达你潜藏着的性感魅惑。

1. 自我触摸小动作

千禧年的新性感指数已超越视觉、身材或是暴露多少的问题，它是一种“全感官”的表达与享受。如花灿烂的笑脸，天真或带媚态的眼波(朱丽娅·罗伯茨或卡梅隆·迪亚兹式的)，沉溺于思考或想象时忧郁或出神的意态，乃至半骚半软的语调都是较内敛的性感。其中，法国人就是深得流露性感个中三昧的民族。一则法语被公认为世上最性感的语言。二则法国人擅用肢体语言，如飞眼、无奈时或惊叹时的扬眉嘟嘴。在各式身体语言中，不经意的自我触摸正是最叫人销魂的小动作。如不经意地咬手指、托腮，不经意把头发潇洒地向后拨，双手轻轻地捧着脸庞，无奈时耸耸肩膀，交叉双手轻抚着肩头或后颈以及把手伸到毛衣内等都是些妩媚的小动作。曾演《海角惊魂》、《天生杀人狂》的朱丽叶特·刘易斯就最擅长此道，难怪她被很多导演视为烫手的新性感演员。

2. 添一点异国情调

异国情调不一定只能吸引西方人，很多人都会被异国情调中那份妖冶、野性及神秘等的异味吸引。经营的方法可以是穿戴一点富民族色彩的衣饰、长一头又直又长得及腰的长发 (不妨让它有点凌乱美)。而让自己多一点游历及多一点时间去流浪就更是涵养一份异国情调的最佳方法。

3. 感性与性感

从来性感与感性都是相辅相成的。一个感性温柔的女人，无论思考、语调、一举手一投足都更细腻和更具感染力。

4. 添一点醉意

微微的醺醉不但为面颊增添绯红，为眼神添上一份朦胧美及柔和美，亦能释放些许在日间、在办公室时锁着的感性与坦荡荡之美，但谨记不要饮过了“火位”。

5. 性感特区戴配饰

女人身上有多个性感特区，如脚踝、耳垂、肩膀、颈项、手臂等，故在脚踝部位带条小脚链，在耳垂吊个大耳环或小圆圈，在手臂上带个臂环或印个小刺青，在脖子上戴条精巧的项链，都能令女人的性感指数明显地提升。

6. 穿高跟凉鞋

女性的脚踝及脚部早已被性学专家认为是重要的性征。而凉鞋及高跟鞋向来就是女性用以张扬腿部性感的武器。男性喜欢凝望女性穿着凉

鞋时裸露的脚踝、穿细跟的高跟鞋时更婀娜的姿态，已是女性不甚介意的公开被偷窥行为。顺带一提，据东西方性学研究人员研究，原来经常穿高跟鞋（当然是合乎足部健康的高跟鞋）会令腿部内侧的肌肉更结实，从而有提高女性性能力的妙用哩！

7. 牛仔裤贴身穿

从来，十之八九的牛仔裤广告都是卖弄性感，可见牛仔裤对经营性感的贡献。除了卖牛仔裤的模特本身，牛仔裤广告经常投射的不羁与我行我素的形象，其实某种程度也跟性感有份微妙的关系。为Guess、Diesel代言牛仔裤广告的模特儿乃至当年为Levis趴在地上代言牛仔裤广告的钟楚红，都是穿了剪裁完美的牛仔裤而令性感指数倍升哩！

8. 涵养野性的心

若你不是外表野性，涵养一份内心的野性（wild at heart）其实一样叫人觉得你充满刺激乃至有份神秘感。而所谓wild at heart，可以是轻佻不羁、爱冒险、爱尝试新事物、好幻想及随时豁得出去实践梦想。

9. 懂弹奏或跳舞

会玩乐器及跳舞的人总会流露一份夹杂着性感的感性与温柔，而这份意念其实比性感更诱人。其中尤以男人弹琴、吹萨克斯风，女性拉小提琴或大提琴，女性跳西班牙舞、探戈时流露的委婉或冷艳眼神，更能杀人于无形。

10. 擅用眼波流转

秋水翦瞳与微丝细眼其实都各有表达性感的眼神。无论是忧郁的、迷惘的（如金·贝辛格），缥缈的、懒洋洋的（如玛琳·黛德丽、伊丽莎白·赫莉），天真带笑的（如碧姬·芭铎、梅格·瑞恩）或眼中藏着火焰的（如丽芙·泰勒），只要有神有韵及充满流盼，眼波便是性感的发源地。

11. 呢喃软语绕耳边

法国人之所以被誉为最性感的民族，正是因为法国人表达时充满感性及跌宕有致，而法语又像一种呢喃软语，在适当地方停顿，加强节奏感，并藉韵律美带领聆听者漫游于你的思维里，这种好像叫人与你的思维一起舞蹈的说话风格，不也是一种性感的经验吗？

12. 沈浸无边思海中

很多人虽其貌不扬，但一旦沉浸在无边思海中，脸上自会不期然地多了一份韵味。那些把眼神抛得远远，嘟着嘴或微微侧着脸、托着腮的表情就更惹人多望一眼。

13. 阳光肤色

凝肌胜雪的肤色固然如树上新鲜、成熟的桃子，叫人垂涎，但一身阳光肤色配上纤秾合度的身型，何尝不能散发野性的性感？

14. 让小孩子活在心底

曾经，西方流行“贼性感”的冷酷性感，但主张返璞归真的大趋势下所拥抱的性感却是“天使性感”（sexy as angel）。先让内心有如孩子般的好奇、天真与热情，你才能在眼神里流露夹杂着纯真及孩子气的另类性感。事实上，碧姬·芭铎、玛莉莲·梦露、丽芙·泰勒等本身都很孩子气及有张孩子脸，再配合其魔鬼般的身材，凑在一起便是天使式的性感。

15. 保留性感小痣

若你的脸上出现小痣，请不要脱之而后快，在适当位置，如耳垂、

唇边附近（尤其是上唇右边）与眼角附近的小痣都可以是“美人痣”哩！说来奇怪，本身性感的人，例如名模辛迪·克劳馥、名作家林燕妮等都在这些部位有颗小痣，以致看来更加销魂。

16. 率性而为

除非你天生冷艳不可一世或清高得不可高攀，否则，不敢或不愿外露真我个性，无可无不可，凡事抱不冷不热、温吞姿态，又处处约束着情感的女人，大概性感极有限。而敢爱敢恨、想发嗲便发嗲、想哭就放声大哭，对生命充满热情与敏锐的女人，她们的心像一团倒转了火头的火。而她们本身就是一团火焰，即使不叫人欲火焚身，也叫人心痒难熬。

17. 为身上添一点红

配合得宜的黑色固然能添一点神秘的魅惑，而适度涂上一点红色，也令人觉得你是一个爱冒险及喜欢挑战并充满热情的人。正如作家陶杰说，美丽的女人当众涂口红，尤其是涂一口湿润的红色口红，可能顿时画出风情，叫男性看得如痴如醉。

18. 轻轻喷点香水

若你有体味，请不要清除而后快，很奇怪，某种程度的体味往往也是构成叫人觉得性感的男人味或女人味。若你没有香汗或“女人味”，那亦可挑选一些专为撩起别人幽思或春情而调制的香气。

19. 态度开放

任一个女人“看来”有多性感，但若人们在消闲场合时说带点色情味道的笑话，她丝毫没有想象力或甚至板起脸孔，在床上时又一板一眼一成不变，从不主动或愿意尝试新的“玩意”。她们岂不是活脱脱的芭比娃娃?!

20. 保持神秘感

据性心理学研究，男人心目中的性感，除了发自女性的重要性征如富自信心、懂幽默、爱浪漫、刺激及冒险外，原来还有一些比较虚无抽象的元素，其中神秘感就是另一个性感元素。电影史上被称为性感的明星如玛琳·黛德丽、碧姬·芭铎等，哪个没有深不可测的神秘眼神。在你喜欢的男人面前，当你述说个人身世时，流露个人情感时，请谨记，别一五一十如数家珍般地尽诉心中情。只说七成，留三成让对方揣摩与想象，留有余韵也是玩“神秘感”的一种巧妙哩！总之，就是不要完全满足对方的好奇心。

21. 适时流露懒态

为什么中国唐宋朝代会被史学家认为出产最多像杨贵妃倾国倾城的性感美女？除了与当时轻纱妙曼的服饰有关外，大体还是生活于那个盛世年代的女性都沉浸于一种缓慢之美，而脸上及四肢又总呈现着一种诱人懒态。

是的，古代女性宽衣解带时的专注与缓慢，眼神流盼的施施然，说话时的快慢有致，已足以构成一种叫人觉得性感的风情。说话或举动上已变得“急惊风”或“神经兮兮”的你，今天就学习及欣赏缓慢、懒态所发出的微妙美态与性感吧！

22. 露得有意境

以暴露来达到性感实在是一门微妙的艺术。大原则之一是若隐若现，之二是有选择性，若你有漂亮的肚脐、小蛮腰、骨感的肩膀、细长的后颈，那便不妨让它们露两露。若不，还是那句话：“献丑不如藏拙。”

成品女人：男人的致命诱惑

她用一个很小的动作就让男人旋转起来

成品女人在情感和人际关系方面的智慧指数要高于半成品女人，因此婚姻成功的前提应该是有一个成品女人。她们对待男人不像半成品女人那样浪漫和孩子气，但是却能用一个很小的动作让男人旋转起来，然后再小鸟依人地靠过去，就像把摩托车发动之后，稳稳坐在上面的其实是她。

有时候成品女人有点工于心计，她们不像半成品女人那样非你非我随心所欲，她们懂得婚姻建设这件事是需要付出心血和努力的，她们经常要动些脑子，有计划地筹措和计算各种关系，这可以理解为本能，也可以理解为珍惜或者尊重，她们说：家，不仅仅是最方便放松的地方，最重要的是利益的结合，没有利益的情感是靠不住的，所以她们会把利益看得很重，她们努力用智慧维护这个小小的利益共同体，尽管内存很大，却安心作男人的移动硬盘，她们不会像半成品女人那样，本来没有多大地方，却动不动就要格式化重做系统。

所以成品女人不论在外面成功与否，在家里都是明弱暗强的，这是她们做出来的，而且不费一点力气，她们用四两拨千斤的手段矫正航向，男人是船，她们就是藏在男人身体里面的舵手，船越大，她们就越有成就感，风浪越大，她们越有施展的空间，不论发生什么，成品女人很少想到要弃船脱逃，不像半成品女人，永远要弄清救生艇在哪儿。

成品女人的性格大多偏于内向，比较沉静，她们对情感的预热时间要长一些，对事物的反应要慢一些，对于抛头露面的事情她们往往不感兴趣，当然这些都是相对而言，她们并不是缺乏某一方面的能力，我们经常能见到性格开朗外向的成品女人，她们闭着眼睛奔跑都不会偏离目标，她们即便活跃起来也很有分寸，她们知道自己应该做什么不该做什么，尽管如此我还是劝你看看她们的过去，因为她们只有对知己才会打开心里那间封闭的小屋，门是关着的，而且没有窗。

她们是那种给一个支点就可以撬动地球的人

在相同漂亮指数中，成品女人的可爱程度要低一些，她们张扬起来有些笨拙，往往不习惯制造事端去吸引男人的注意，她们不像半成品女人那样具有魅力，她们缺乏变化，不像半成品女人那样波澜起伏，惊天动地，这是因为成品女人的心灵是平静的、完整的，不需要靠别人的赞美来支撑。尽管如此，她们还是会把恋人的赞美像橄榄一样放在嘴里轻轻含着，而不是像半成品女人那样迅速咀嚼，口香糖一样随意吐在哪里。

成品女人在行动上经常会比半成品女人慢半拍，在半成品女人表现自己的时候她们还没有启动呢，当她们醒过来时机会往往已经失去，因此她们只能默默地在角落里懊悔不已，品尝苦果。但是成品女人有一个杀手锏就是有备而来，后发制人。她们的准备活动往往埋藏在心里，保密性很强，当她们突然亮出底牌，经常会让人大吃一惊，因为她们的准备时间太长太久了，慢半拍给她们赢得了思考的时间，她们是可以把思考带进行动的人，经常能听到一些人说其实我知道该怎么做就是做不到，那么好吧，成品女人就是那种知道该怎么做而且经常能做到的人。所以永远不要忽视和招惹那些表面看起来沉默和安静的女性，她们的刺是收在里面的，而且扎人很疼。

追溯成品女人的成长过程是件很吃力的事，她们的硬件条件和半成品女人应该没有什么区别，但是同样的温度未必能培育出同样的西红柿，还有光照、湿度、土壤、遗传基因等，只是在有些地方比较特殊，

她们也许遭遇过什么小小的在别人看来微不足道的挫折，尽管后来连她们自己都忘记了，但是她们却可能因此改变了和这个社会联系的方式，如果别人打电话，她们更愿意发短信。

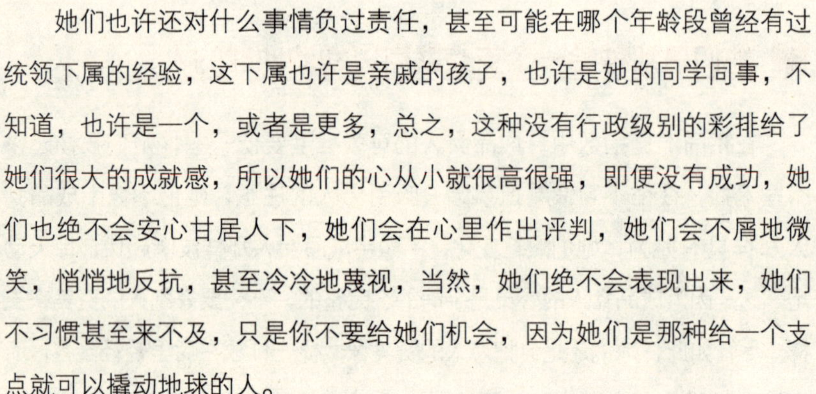

她们也许还对什么事情负过责任，甚至可能在哪个年龄段曾经有过统领下属的经验，这下属也许是亲戚的孩子，也许是她的同学同事，不知道，也许是一个，或者是更多，总之，这种没有行政级别的彩排给了她们很大的成就感，所以她们的心从小就很高很强，即便没有成功，她们也绝不会安心甘居人下，她们会在心里作出评判，她们会不屑地微笑，悄悄地反抗，甚至冷冷地蔑视，当然，她们绝不会表现出来，她们不习惯甚至来不及，只是你不要给她们机会，因为她们是那种给一个支点就可以撬动地球的人。

如果家是岸，她们就是岸上那张松软的床

成品女人向前一大步是阴谋家，向后一大步是失败者，但是如果只向前或向后一小步，她们就是既不妨碍别人也不招惹是非的平凡女人。

成品女人需要长时间相处才能了解，所以，只有明智的男人才能得到这个机会。成品女人把家庭的成功看得很重要，她们一般都能够把握自己的男人，不过她们即便受了委屈也会在外人面前给自己男人面子，她们在心里说，等着，回去有你好瞧的。其实，回去之后她们也不会掀起暴风骤雨，但是那几句钉子一样的话也足够你消受半辈子的。

如果你渴望一场死去活来惊心动魄的爱，那么尽可以去选择半成品女人，她们会让你永远处于漩涡之中得不到休息，你精力耗尽才发现到处都搞得乱七八糟，已经无法收拾。当你还和半成品女人在这里打升级的时候，那边成品女人已经和她的丈夫合唱《牵手》了。但是我得告诫你，即便有幸赢得了成品女人也不要玩火，一件完整的作品被打碎时，那每一块瓷片都会变成利器的，而且尖端将永远朝向你。

成品女人是那种对家庭和一生都要作出计划的人，因此如果你真的想要成功的婚姻，就应该老老实实选择成品女人。这样说吧，如果家是岸，成品女人就是岸上那张松软的床，她包容你，宽慰你，给你稳定，供你依靠，男人们哪，就这样随着成品女人的摇摆，进入梦乡了。

女人不能说的8句话

在恋爱及婚姻的道路，女人总是要体会各种酸甜苦辣，吵闹总是难免的，但如果你爱他，有八句话请别对你的他说。

“我想谈谈我们之间的事”

因为对男人而言，“我们”是最令人害怕的字眼，当你提到“我们”时，就暗示你和他的一体性，男人觉得讨论感情是天下最麻烦的。当女人提到此话题，可能什么地方有问题，而且是关于他的问题。所以你要有智慧，要先找出问题的所在，直接告诉他，而不是把情绪上的抱怨一股脑儿地抛给他，那样只会使他莫名其妙或更生气。

“如果你真的爱我……”

男性感觉当女人说这句话时，一定是自己又做错事了，这让他感到充满罪恶感，这类话只是一种发挥不了作用的威胁法，一开始他会容忍你，但罪恶感变成愤怒时，他会把你的话堵回去。应该以建议的方式让气氛更加温和，比如把“如果你爱我，就多花点时间陪我……”改成“是不是把你和朋友见面的时间从每天一次改成一星期一次，好让我们有更多的时间共度”。这样会让男人了解你的想法，并觉得有接受的心情及讨论的空间。

“你总是……/你从来不……”

这两句话好似定时炸弹，随时可能把你和他的感情炸得面目全非。因为它们一贯是抱怨者的用语。若有问题应该坐下来好好谈，让他知道你的感受和建议，再询问他的看法，比如：“我有话要说，你看电视太久了，让我觉得自己被冷落了。”语言是有艺术的，在爱人之间不讲语言艺术，只会造成无端的误会和争吵。

在性方面，不要说“我不喜欢”或“你好差”

因为他知道你在这方面给他打了低分，他会觉得自尊受到严重的伤害，别提令他丧气的事，只说出你喜欢的，比如“我喜欢你慢慢地来”，或是“你的温柔让我好舒服”，委婉地告诉他你想要的，并用快乐的部分使他信心大增。

“我想听听关于你过去女朋友的事”

假如你想与他拥有快乐时光，千万不要重提他的过去，因为这样你会强迫他回忆。无论是对以前女友的怀念或是对以前不快乐的追忆，都是你不需要的，而且知道得越多，越会引发你的嫉妒，让你自己先掉进不能自拔的漩涡。所以，你只要珍惜现在的一切，让他拥有自己的秘密吧！

“我好胖、丑、笨……”

不要在你的爱人面前说关于你缺点的话，无论这是不是真的。因为这样只会训练他如何批评你。他既然爱你，就会接受你的一切，让他自己发现你的缺点，假如不是原则问题，他会联想到你的优点的。试着从欣赏的角度来看自己吧！其实你的他并没有你对自己要求的那么苛刻。

“跟你讲话真是毫无意义”

你是否觉得他无趣无味，或杂乱无章没有重点？这时你不要争执，不妨让他有自觉能力。比如此时你停止与他讨论，或不作任何表示，以你的沉默让他警觉。

“我什么都不想说”

女人有时不愿说出自己想要的，而希望男人能够解读她们心里的期盼。男人有时也是一样。事实上要解决问题，就要把它说出来，彼此揣度对方的心意，既辛苦又未必正确。所以说出你的需求。男人就不会摸不着头脑，并且告诉他，让他以同样的方式来与你交流，这样两人之间就不会总是抱怨，而是更加亲密了。

男孩喜欢跟什么样的女孩聊天

男孩喜欢跟什么样的女孩聊天？这问题太深，就我个人来看，但凡漂亮的美眉，男孩子都爱主动搭讪。不就是聊么，逮什么说什么，反正说多说少谁都记不住什么，到最后也就混个脸熟。

但是，凡事得讲求个长期效应，咱们今天要谈的话题就是，什么样的女孩能使男孩在聊完一次后，还想接着再聊，回了家魂牵梦绕，一个劲儿就想主动打电话请缨长聊。子曰：路漫漫其修远兮，吾将上下而求索。为使女孩子加深些理性认识，咱们就这个无聊的问题一起探讨探讨。

按戏剧三段论来说，男女交往的过程分吸引、交互、游离三个状态，也就是套瓷、起腻、转身就颠的状态。咱们先把后面两个状态暂时忽略，单讲这吸引状态。

讲到吸引，历史上一见钟情的例子数不胜数，从纣王戏女娲到后羿梦嫦娥，从宝玉初见林妹妹到罗密欧缠上朱丽叶，基本上都是第一眼就看上，然后爱得死去活来，任凭世人如何反对都不轻易放手。

前面举的例子中，女性都属于比较美丽的那种，但话说回来，她们其实也都有严重缺陷，如女娲是人头蛇身，美艳动人的小脑袋下拖着根大尾巴。朱丽叶按现在的测量标准来看，身高最多超不过1.55米。杜拉斯小朋友是怎么样被丑陋的玛尔丹吸引到手的呢？无非是一件素色长裙和一身幽幽的玛瑙香嘛，阳光明媚的午后，玛姑娘款款而来，长裙及地左顾右盼，一副清纯体格后隐藏着充实得一塌糊涂的内心，想让小杜不搭讪都难。

所以，美丽缺憾的背后隐藏着的还是那句老话，“情人眼里出西施”。这也说明了，无论女人的容颜是否美丽，身材是否修长苗条，只要能把握好自己，扬长避短，还是能对男性构成一定吸引力的。

说男人是理性动物纯属胡说八道，大部分男人都喜欢一边嗅着幽幽的花香，一边展开漫无边际的想象，男人喜欢阳光，男人崇尚梦想。在和你聊天的过程中，男人会很在意你身上的味道，因为有很多人都是通过体味去记住一个人的。也许分开的日子久了，会忘了你的样子，但我保证，他肯定不会忘了你身上那股淡淡的D&G香水味儿。由此可见，男人喜欢和带着香味儿的女人聊。

另外，爱美之心人皆有之，你不能指望一个唇青齿黄的女子被男人紧密围绕。在聊天之前，得把自己收拾得标致一些。涂脂抹粉必不可少，施粉的重量则根据个人情况而定，反正怎么着也得给对方一个“从背后看想犯罪”的念想，至于是不是“从前面看想流泪”就得看您的了。在喷完500毫克香水擦完3克粉底外加半支口红后，你就可以穿上那身放在衣柜里舍不得穿的紫身长裙出发了，用自己最美丽的一面给大家演一出时装版“在路上”。而这，也不过是外在的东西，真正吸引男人的还远不在此。

男人喜欢有幽默感的女人，期待着能在某个不可期待的环境中遭遇一个使自己开怀大笑的女子，在聊天的过程中，笑声能让人忘却烦恼，话题选得好，应答得够巧妙，很容易给对方留下深刻印象。

举个例子说，在电影《暗夜追踪》里，那帅呆了的孤胆杀手在晚会上瞎转了一晚上，终于找着一个看上去有点艺术气质的女孩子，彼时，该女孩正在凝视罗丹之手，欣喜之下，乃畅谈雕塑艺术，越说越不对，闹半天两人都属于艺盲，除了知道人家是用泥巴做原料之外，别的一概不知，女孩解释道，之所以聊到这个话题，纯属自己拿自己开玩笑，在芸芸众生中找一点高贵的本钱而已。相视微笑之后，顿生相约周末的意向，开始了这个美丽浪漫的爱情故事。

从中可以看出，无论你是否真有学识、有内涵，只要够坦诚、够勇敢，能在适当的时候巧妙地解除因知识不够而产生的尴尬，同样可以吸引大堆的男人。

男人喜欢有哲理、会分析，并且在看穿一切的同时还能略带娇羞的女人。看上去太纯，男人会觉得那是装的，看上去太贫太痞，那会让他们失去安全感。这里面有个把握尺度的技巧。一般来说，在晚会上，只有那些不高声喧哗，不扭捏作态，不故作高深的女人才有可能成为众男士眼中的焦点。

宋人李之于京师邂逅奇女子聂胜琼，该女才艺双绝，怎奈其貌甚丑。当日众人相约酒肆听聂女唱歌，听罢一曲，李之心思大悦，乃趁醉套瓷，聂女不动声色，回歌一曲应李之：“水遥花瞑隔，岸炊烟冷。十里垂杨摇嫩影。宿酒和愁都醒。”众人道好，李之听罢立马酒醒，即没夺了主人的面子，也落了个皆大欢喜的结局。

从中得见，透着机智、显着纯真但又不失诚恳的女孩才能使人有继续聊下去的兴趣。

众人拾柴，花落谁家。套瓷伊始，爱之萌芽。对心中的女孩，每个人都有自己不同的看法，上面也只是泛泛地说了几句，虽不全面，也可作为诸位女士的参考。

男人对你产生兴趣的30个信号

1. 对你的工作、学习、生活情况极为关心，甚至对你的兴趣爱好也特别感兴趣。

2. 主动向家人、亲友、同事、同乡等介绍你的各方面情况，并“先入为主”地加以评论。

3. 遇事同你商量，征求你的意见，重大事情主动请你拿主意、想办法。

4. 千方百计打听你过去的情况及你家人的情况。尤其对你的隐私特别感兴趣。

5. 向别人介绍你时，往往夸大你的优点、长处，缩小或隐瞒你的缺点、错误，甚至把你的缺点也当成优点加以张扬。

6. 因公外出或开会学习，总忘不了带给你一些小小的礼品、纪念品之类的东西。

7. 对你的生日记得最清楚，并在这一天常常会为你创造一些节日气氛或惊喜。

8. 情人节这天，他一定会送给你玫瑰花并约你外出狂欢。如你拒绝，他肯定会不高兴的。

9. 爱看你的影集，关心影集上年轻异性的照片，还常常提一些稀奇古怪的问题让你回答。

10. 开始关注你的异性朋友、同事，并试图接触、了解他们，如果失败，会产生许多猜疑、嫉妒甚至怨恨。

11. 希望每天都能收到你的信、接到你的电话，如果没有，他会失望、焦躁不安。

12. 什么事总是向着你，当你与别人争吵时，即使你错了，他也会站在你的一边。

13. 当自己取得了成绩，哪怕是一点小小的进步，他都会欢天喜地地首先向你报告，并请你分享其中的幸福。

14. 在工作、学习、生活中遇到失败或挫折时，他会主动向你求援。对一些难以启齿的隐私问题，你是他首选的倾诉对象，而且对你的意见、建议会特别尊重。

15. 如果对方性格内向，不善言辞，待人接物彬彬有礼，沉稳得体，很注意分寸，而与你在一起时却又无拘无束、大大咧咧的，一天到晚似乎有谈不完的心说不尽的话，那么，这就明确表示对方已深深地爱上了你。

16. 总是想方设法创造机会与你见面，增加见面的次数，哪怕是几分钟也好，不然就受不了，大有“一日不见，如隔三秋”之感。

17. 经常向你借书看，有时借的书连翻都没翻又还给你了，还说这本书怎么怎么好。

18. 逢年过节或遇上他家有重大喜事，主动邀请你上他家玩，购买礼品时多数不让你付钱，而又借你的名义。

19. 经常过问你本人及家人的事情，并自觉不自觉地“参政”：提意见、建议、想办法，能够帮上忙的，总是慷慨相助，尽力而为。

20. 在一些无关紧要的问题上，你说东他说西，常常与你唱反调，以寻开心。

21. 开始注意你的服饰打扮，如果你不修边幅，他会时常提醒你。

22. 对你吸烟、酗酒、赌博等不良习气，能直截了当地提出批评，有时甚至加以干涉。

23. 对你提出的合情合理的要求，不拒绝，也不立刻答应，而是在实践中予以满足。

24. 在你情绪低落时，他会为你打气撑腰；要是你太狂热了，他又会过来向你泼泼冷水。

25. 写给你的信，总是越来越长，越来越多。对你的称呼以及信中的落款，也已经发生了微妙的变化。

26. 对你提出的亲吻、拥抱等要求，一般不再拒绝，并能积极配合。对你的非分要求，即使不答应，也会向你做出合情合理的解释。尽量做到不让你生气、难堪。

27. 购买了新的服装、做了新的发型，会高高兴兴地向你报告，最希望听到你的赞美，如果你心不在焉的话，他肯定会生气的。

28. 对于你的约会，一般都能准时赴约，如果因特殊情况不能到达，定会提前通知你，或请你改变时间和地点，以免你久等。

29. 如果对方接受了你赠送的香水，那就很有眉目了，因为香水蕴含着“香甜的姻缘沁心脾”之美意。

30. 在寄给你的信的信封上，如果出现“5A1”的字样，表明对方已爱上你了。“5A1”的暗语即为“我爱你”。

当然，以上爱的信号不可能同时发生，但只要发出5个及5个以上的信号，你就可以大胆进攻了。

男人眼中的10种危险女人

君子有所为，有所不为。对待爱情男人也应如此，有些女人是不能碰的，一旦中招必将后悔莫及。

把男人当玩物的女人

她的爱情字典里没有“唯一”这两个字，她懂得利用女人的天赋来让男人心悦诚服，从不同的男人身上获取不同的需要，同时却巧妙地让每个人都以为自己才是她的最爱。

拜金主义的女人

她不会看上穷光蛋，因为她的爱情首先建立在物质的满足上，她知道花男人的钱比自己辛苦赚钱容易，这是她选定和男人交往的条件。和她交往的男人，总有金山银山被挖光的一天，那时只有落得人财两空的局面。

歇斯底里的女人

她的专长是一哭二闹三上吊，只要你稍稍辜负她，她就会以死做威胁。当发现一个女人充满神经质，动不动就有撒泼之势，你就要随时提防她闹出失控局面，同时也意味着你不得安宁的日子从此开始。

翻脸不认人的女人

不管好的时候有多么好，一旦反目，她就完全变成另一个人，毫不留情地公开你们之间所有的秘密，甚至不惜玉石俱焚。碰到这样的女人，你要有心理准备，分手后她的报复心常常会炸得你粉身碎骨。

女权主义的女人

在女权主义至上的女人眼里，男人根本不是东西，她开口闭口都是批判男人的种种不是，别寄望她百依百顺，只有你做牛做马才有可能取悦她。除非你有呼之即来挥之即去的“优点”，否则还是赶快逃之夭夭吧。

随时准备打翻醋坛子的女人

有一种女人的醋劲之大、威力之猛，是一般男人所难以承受的。因为有她在身边，你走在路上眼睛就别想往两边看，和任何女性交往都必须经过她同意，反之，她的醋坛子会活活淹死你。

弱不禁风的女人

她是林黛玉的化身，听不得粗话，做不得重活，连出门、回家都要你接送。简单说，她跟着你就是要你照顾她，从心理到身体。除非你有被依赖癖，不然要像养小孩一样养她。

水性杨花的女人

移情别恋不是她的错，因为她生来太易动情。她的最大特点是不放弃任何一个恋爱的机会，所有追求她的男士在她看来都别有魅力。面对这样的女人，你只能有心理准备，她爱上你是真的，她爱上别人也是真的。

糊涂邋遢的女人

你和她在一起永远有收拾不完的残局，她忘东忘西的记性需要你在一旁随时补救。一个糊涂的女人，将会增加你的精神、体力负担，使你的生活因此不见天日。

强悍的女强人

有一种女强人，工作上的成就给她绝对的自信，让她忘了在自己心爱的男人面前该如何温柔。凡事以她为中心，这是许多男人无法接受的，除非她对工作和生活是截然不同的心态。

男人心中的10种魅力女孩

1. 一个永远长不大、胸无城府的快乐女孩。她自然、纯真的天性影响着周围的每一个人，她热爱生活、无拘无束，随心所欲又有些漫不经心。她讨厌艰涩和故作深刻，要让她执著、沉迷于某一件事实在是太难了。

2. 她是男人生活中的一道风景。她喜欢豪华、热闹的生活，以施展她社交明星的魅力。她无需去做深沉的思考，也从不理会生活以外的东西，她为她自己而沉醉。

3. 一个典型的中产阶级知识女性。她外表质朴、自然、不事雕琢，内心浪漫，与世无争，强调个性却不张扬。只有能够进她内心的人才能真正了解她，也才能为她所欣赏。她的气质和教养是她丰富内心的流露，也是与别人拉开距离的原因。

4. 理想的贤妻良母。她温柔、内敛、善解人意，安静、沉着、细腻，注重生活细节，热爱儿童。家庭是她的人生乐趣。教养和良好的经济条件，使她超越了琐碎和庸俗，她从不羡慕男人和事业女性，只专心又平和地折着手里的纸鹤。

5. 她像一匹难以驾驭的野马，奔放、潇洒、热烈、不羁。她让你联想起一切浓烈和快节奏的感受，她一向简洁、痛快的作风容不得半点纠缠。她的心太大也太高，于是凡俗琐事便一概被她忽略掉了，但骨子里的性感和精神上的细腻却挥抹不去。

6. 她是物质与精神的双重贵族。她从不因为物质的满足而放弃精神的追求，相反是物质基础使她更有实力建构自己的精神世界。她洞悉一切的成熟，使她在亦庄亦谐中游刃有余。

7. 一个如此理性的女人。她意志坚强、说一不二，喜欢把握局面，聪明而善用头脑，很少感情用事，不会因冲动而铸错。她独立而事业有成，她像男人一样活着，却懂得适度施展女性魅力。

8. 一个容易满足的生活型女人。她对生活的要求并不太高，喜欢轻松、愉快、富足地活着，不愿意有压力和波澜。安于现状和乐观的天性使她能够将青春延续。她单纯而敏感，有较好的人缘。

9. 她是女人中的女人。她既古典又浪漫，充满诱惑又不邪恶，美是她的理想。世俗生活离她那么遥远，仿佛她来到这个世界，只为做一个女人。

10. 一个富丽堂皇的女人。她的奢华与她的高贵一样引人注目，最华丽的场合总是有她出尽风头。她喜欢那种众星捧月的感觉，她征服世界的方式是去征服男人。

坏女孩，有人爱

一位朋友（男）郑重其事地告诉我："一个总是绷着脸，做一本正经状的女人是可悲的，她总得在一个男人面前'坏'一点。若是没有这样的机会，那说明还没有人真正地爱她。"

啊，原来如此，女人坏一点才好！

可想想从古到今被人称颂的贤惠妻子们，有哪一个不是标准的以夫为天？制造了无数传统好女人的《女训》、《女经》里，讲的可都是让女人贤良淑德，不得变坏！

听我口沫横飞的说完这些，朋友不屑地撇撇嘴：你这女人，一点不懂现在的男人！现在，眼前，已经是"坏女人"当道的年代！

在以前，如果问一个男人最爱的女人是哪一种类型的，恐怕十有八九会说：当然是那种温柔可爱、文静秀气、相夫教子的乖女孩了！

如果你已为此收敛本性中最基本的东西，而努力伪装出男人所期望的样子，并天真地认为男人会死心塌地地爱上你，那么我可以很直接地

告诉你：“你错了！”

男人喜欢坏女人，就如同女人喜欢坏男人一样。古代如此、现代如此、将来更会如此。

“坏男人喜欢坏女人那是臭味相投！”也许你对此不屑一顾，认为还是好男人多。那么我可以再告诉你：“你又错了。”好男人在某种程度上喜欢坏女人更多。不过好男人被社会道德责任义务束缚了，即使喜欢他也不会说出来，充其量只是暗暗地向往而已。

男人从来都是自家的孩子好，别人的老婆好。你任劳任怨、洗衣做饭，换来的是一句理所当然。但别的女人一巧一笑嫣然，甚至抽烟喝酒都会让他心荡神驰，感叹外面的风景真好。要让男人爱上你，你必须得研究男人的本质，弄明白这个道理。

男人有点“便宜”（我不说那个字，你明白吗），越容易得到的东西越不珍惜，越是得不到的拼了命也要得到。在追求女人上表现得淋漓尽致，男人有病，病的名称叫被虐待狂。你越对他百依百顺、逆来顺受，可能他气焰越嚣张；你对他忽冷忽热、猫玩耗子，他反而更喜欢你。男人爱做白日梦这一点不弱于女人，他无时无刻不在幻想着有个让他捉摸不透的漂亮女人让他的生活五彩缤纷。男人要什么，你便给什么，男人要你怎么做，你便怎么做，小心翼翼地讨男人的欢心，这样做不但不能让男人更在乎你，反而让男人觉得这样的顺从了无情趣。而适当的拒绝能吊起男人的胃口，不能得到，偏要得到，这种游戏能让男人始终充满激情和追逐的快感。

《聊斋》里有一则故事，说的是有个女人姓朱，很漂亮，但丈夫自从将一个长相远不如她的婢女收为小妾之后，就疏远了她，她心里非常不平衡。后来他们搬了家，新邻居家的女主人恒娘长相平常，但说话、态度特别讨人喜欢，她的丈夫非常宠爱她，以至家中那位漂亮的小妾成了摆设。

朱氏就向恒娘讨教如何才能让丈夫疼爱自己。恒娘教她回家先鼓励老公夜夜去和小妾在一起，自己不修边幅，拒绝老公与自己亲热。过一段时间之后，忽然再重新盛装打扮，并且依然对丈夫半推半就，保持距离，不让他轻易进自己的房间。一举奏效，丈夫对她竟然比新婚时更亲热，从此再也没踏进小妾的房门一步。

汉成帝宠爱赵合德，因为赵合德除了丰腴美貌之外，还有一双柔软白净的美足。汉成帝每次握着她的美足便会兴致勃发。赵合德知道了汉成帝偏爱她的美足，每次汉成帝要握她的美足时，都故意躲开或缩起，不让他轻易得手。有人问赵合德："皇帝既然喜欢你的美足，何必东躲西闪，难道还要皇帝去迁就你不成吗？"

其实，赵合德的做法完全正确，故意"吊起来卖"，一方面可以使对方觉得"得之不易"，另一方面也不至于"产生厌倦"，这是一种女人的媚术，更是对男人心理的掌握。事实证明，赵合德的适当拒绝收到了她想要的效果，大费周折后才终于握得美人足，汉成帝对美足视如珍宝，爱不释手，爱足及人，对赵合德自然倍加恩宠，其程度后来竟超过了对赵合德的姐姐赵飞燕的宠爱。

拒绝是一种策略，有时也是一种必须的虚荣。某影星说，她拒绝过最大牌的导演，他曾经彻夜在她家门外痴痴守候她回来。她拒绝了他，却没有忘记他，因为他是"最腕"的导演，爱上他不值得骄傲，拒绝他才值得骄傲。

一个女人一生中要拒绝不少男人，而拒绝优秀男人，诸如律师、工程师、富商、富家子、才子、名导演、名歌星、总经理等，是一件值得炫耀的事，因为这些男人，代表了学识、财富、名气。女人当然也拒绝过其他男人，但那些都不值得再三提起。

身为女人，拒绝是你的权利。女人不要怕拒绝，只怕没得拒绝。如果你从来没有令一位异性失望而回，肯定是自己条件不足。至于被自己拒绝的异性，则条件越高越好，拒绝他们才够风光。不过，要记住，拒绝要适度，因为男人可能是这个世界上最缺乏耐心的动物。虽然嘴里唱着爱你一万年，可若真让他等急了，可能头也不回，拔腿就跑了。红花虽好，也会有衰败凋零的时候，更何况路边的野花不断茁壮成长，为了不让他采别的花，火候到了，该答应就要答应了。

一个真正懂得男人的女孩，不让男人有一点容易得手的感觉。也就是说，男人真正会去追求的女孩，不必耗尽心力的为男人准备一顿丰盛精美的晚餐，不必花光一个月的薪水为男人买一个LV的钱包。

她很矜持，甚至有点骄傲。她就像是个女王，男人都在围着她转。一旦她肯发下善心，亲自下厨为男人做个简单至极的色拉，男人就会在心里想："哦，天哪！她对我真好，我真是个幸福的家伙！"此时，他会觉得自己像是一个国王。唯一不同的是，他之前需要付出大量的努力。他追到她的过程越艰辛，他就会越珍惜她。

如果随着时间的推移，女孩对这个男人越来越千依百顺，他就会觉得，你已经离不开他了。于是，他飘飘然，认为自己魅力非凡。慢慢的，他会开始放松，甚至是放肆。你越迁就他，他就越会变本加厉。用不了多长时间，他就会对你失去兴趣。

一个聪明的女孩，应该懂得男人的心思：过分的讨好、迁就男人，反而会让他们不尊重你。即使靠着委屈自己，对他的一切要求都满足而一时吸引了他，到最后也无法把这段感情维持下去。

有很多自恃聪明的女子，她们认为能够在恋爱中控制局面，能跟男人轻松自如的谈政治和足球。可男人却并不一定会真心爱上这样的女孩。他们会想："她太强势了，总是试图在谈话中表现自己的博学多才。让我觉得自己很无知。"男人会更倾向于把她当成一个在谈话中的竞争对手，而不是能相伴一生的女伴。

其实，恋爱就是一个博弈的过程。投入越多（至少在行动上如此）的人，就越处于下风。

通常，女孩们最容易犯的错误，就是被男人利用。她会说："我不想游戏人生，只想跟你安安稳稳地过一辈子。"如此一来，男人们就会意识到他已经完全掌握住了这个女孩，他没必要再担心什么了。于是他大大松了一口气，心里暗暗得意："哼哼，终于是我该享受的时候了。"从此，他对你不再那么浪漫，陪你逛街的时候也开始不耐烦。

一个坏女孩，一个能够在爱情的博弈里永远处于上风的女人，她懂得取舍。有的时候，她可以被男人利用，但更多的时候是她在利用男人。她很聪明，当某件事情涉及男人的面子问题时，她会很顺从地满足他的需要，让他在朋友面前得意威风。她很会把握这种顺从的程度，不会被男人完全控制。

让我们来看看传统的乖乖女跟坏女孩在恋爱中的差别。

当你跟他认识一段时间以后，他可能对你的态度就不像刚开始追求你的时候那么殷勤。去他家里约会，他自顾自地忙着看足球比赛，把你晾在一边。这时候，乖乖女会老实地坐在椅子上，虽然无聊得要命兼委

屈满腹，却一声不吭，装作根本不在意的样子。乖乖女认为，男人就是喜欢老老实实的传统女孩，所以对他一定要千依百顺，不可逆了他的意，否则很可能被抛弃。

而坏女孩就不会这么老实了。如果男人敢于如此对她，她会淋漓尽致地发牢骚、抱怨。通过这种抱怨，男人会明白不能怠慢她，并在心里开始考虑她的要求。当然，爱情中的博弈跟口舌之争完全是两码事，它更多的跟你的实际行动有关系。比如说，他说他喜欢穿着高贵精致的女孩，回到家里你就立刻把一直喜欢穿的T恤衫、牛仔裤全部丢掉，跑到百货公司拼命买一堆淑女装。于是，下次见面的时候，一个完全不同的、迎合他口味的你站在了他面前。他会怎么理解你的行为呢？他会认为："这个女孩肯为我改变这么多，一定是爱我爱的要命。嗯，我已经完全控制住她了。"

坏女孩不会选择当一个闲适在家的主妇，也不会每天跟一群太太们一起研究"怎样才能盯住男人"。她独立而自主，如果某天她跟自己的男人出席一个宴会，那她的身份绝不仅仅是这个男人的厨师、洗衣女工、孩子的母亲。她一开始，就是男人的平等的搭档。

如果一对恋人的交往，在刚开始的时候就是向其中一个人倾斜的，那在交往的过程中，这种倾斜也会保持下去。也就是说，不要太殷勤。那样就会让男人产生这样的意识："这个女孩太爱我了，所以无论我怎样做她都不会离开我的。"坏女孩就不会这样。她发出的信息截然相反："自我是最重要的。至于男人么，拿得起，放得下。"

而在你们的交往过程中，打电话时的表现，也具有一定的意义。是否你总是像个士兵一样，等待他的电话指令然后才开始行动？是否当他没有给你打电话，或者在约定的时间没有出现时，你会焦虑得发狂？

如果你的表现正如上面所说的，那么，我可以很遗憾地告诉你：你已经完全被那个男人掌握了。在他看来，你已经逃不出他的手掌心。进而，他将不像刚开始的时候那么急着讨好你、在意你。他开始学会敷衍你，甚至认为你每天的充满关心的电话其实是在调查他的行踪。

而在现实生活中，大多数男人都不会主动打电话的。他们很想看看女人会做出什么样的反应。当一个女人对于男人的这种试探沉不住气的时候，她就被完全看透了。就想上文中所说的，恋爱是个博弈的过程，男人们总是在试探女人到底有多在乎他，以便能够用最少的投入换得最大的回报。当女人变成以男人为中心的时候，她在恋爱的赌博中，就已经先输了一局。

以退为进也是男人们经常要弄的把戏之一。男人们从来都不会像女人一样，说出："亲爱的，我是那么的彷徨，我需要来自于你的安全感。"与此相反，他们通常都是以退为进，悄悄观察你的反应。如果你反应得很激烈，你哭泣、找友人诉苦："天啊，他不爱我了，我的生命失去了意义。"男人这时会在一旁窃喜："这个女人太在乎我了，她已经完全被我掌握。"时间一长，他就会慢慢地心生反感，认为你不过是个愚蠢的、生活的全部就只有爱情的女人。

相反，如果你能够以不变应万变，他就会心下忐忑，猜不透你到底在想什么。对他来说，你永远能够给他挑战和新鲜感，所以他只能老老实实、心甘情愿的对你俯首帖耳。如果你很久都没有接到他的电话了，你一定要表现出：你并不在意他的这种行为，他怎么样对你来说无所谓。如此这般，他就会不由自主的开始猜测："这么久都没有跟她联系，她怎么都没有什么反应？她会不会有一点想我？会不会需要我？"当男人心里面产生了这种不自信的时候，你就胜利了，他会加倍的疼你爱你，因为他觉得，他还没有能控制住你，你还没有完全喜欢上他，说不定什么时候就会把他丢掉。

男人总是喜欢追求那些他们得不到的东西，越是困难，他们越要去尝试。如果男人碰到了一个女人，这个女人是典型的冰美人：冷若冰霜、端庄严肃。那么对于这个男人而言，他对这个女人的兴趣会很快提起来。

事实就是如此。

在爱情这场战争中，获胜的总是最不主动的那些女人。她们有尊严，很矜持，能够把握自己的生活和感情。对待这样的女人，即使是再玩世不恭的男人也会收敛一点，开始集中注意力。他会开始想象：这么有魅力的女人，如果有一天能够为我做一顿饭，那该有多幸福……

女人在恋爱中经常犯的另一个错误，就是不够自信，喜欢自贬身价。在跟男人交流的时候，永远也不要自卑的数落自己的不是，认为自己需要减肥或者去做整形手术。也许他原本就没有注意到你的这些缺点，或者他根本就不会在意。但经过你自己的这么一强调，他就会开始觉得：“啊，她好像是有一点胖，而且眼睛也是单眼皮。”

女人要自信，要不断地告诉自己：“我是个很好的女人，我有很多优点，我很喜欢自己。”你要不停地这样告诫自己，直到你自己完全认同这些话。这就是所谓的自我暗示。

还有一件事，让所有的女性抓狂不已：他总是在怀念他的前女友，并且不断地对你说她的好处，说她是个多么可爱的大美人。直到有一天，你偶然看见了她的照片，发现她不过如此。他也会开始辩解：“这张照片没能表现出她最美的那方面。”或者“在我认识她的时候，她要比照片上更可爱一点。”

女人们不要被这种招数打击。你应该明白，有时候某些男人追求一个女人，不是因为爱她，而是他需要表现自己的能力。这个女人的相貌已经无关紧要了，她在这个时候的角色仅仅是个猎物。

所以，女人要明白，自信才是女人魅力的源泉。即使是一个很漂亮的女子，如果缺乏自信的话，也会成为男人眼中无趣的人。永远不要认为自己魅力不够。当你开始为自己担心发愁的时候，你就很可能陷入过于主动的境地。也许第一次约会的时候，表面的美丽能让男人心动，可在接下来交往的时候，能否成功就取决于你是否能够把持住自己，让自己不太殷勤了。

男人在这些时刻，是很有些幼稚的。明明知道什么是好，什么是坏，却偏偏执著于那颗他得不到的糖果。就像当他还是一个孩子的时候，在得到一个不期而至的圣诞玩具时，顶多也就玩上5分钟。而他真正珍爱的玩具，一直放在玩具店货架的顶上，他攒了两个月打零工的钱，才买下它。在得到它之前，他每天都会去看它。于是，在每天天刚破晓的时候，他就起床去送报纸，靠这种赚钱方式他买了这个玩具。这是一个令他终生难忘的玩具，因为它来之不易。长大以后，对待女人，他的态度依然如此。

当然，当你被一个男人追求的时候，也不必过分的矜持。如果男人觉得根本没有希望，那他们也不会耗下去。

“坏女人”应该懂得，怎么样去不断给男人们以希望，却又不会让他觉得已经完全掌握了你。“吃不到的葡萄最好吃”，这是人类的天性，其实女人也是一样。

不要把整个糖果店都给他，而是每次只给他一块糖。就好像以前的赶车人，在牛的面前挂一点食物，却不会让它够得到，这样，牛为了得到食物，就在不停地走啊走啊……

对男人也要这样，给他希望，却不让他得手。

同时，男人都需要一种被女人信赖、依靠的感觉，他喜欢听你对他说："亲爱的，你真棒。"他需要你的欣赏和尊重。

在适当的时候、适当的地点，大声的赞赏他吧。这是他的动力。有了你的支持和赞赏，他将充满斗志，为了你们的将来打拼。

现在你明白了，坏女人应该是什么样的了？在他追你的时候，你一定要对他若即若离，万不可因一时感动轻易让他到手，要嘲弄他打击他，然后再像施舍一般赏他个微笑，没有男人不为你疯狂的。他要你看球你也要看，并且在射门得分时吼的比他还要大；他要喝酒你也喝，并且要醉在他后面，让他觉得很没有面子；他打麻将你也组织几个姐妹开局……男人没有不怕的，他会因为和你有共同的话语而兴奋，也会因为你和他同样坏而倍感新鲜。一个女人能让一个男人有新鲜感并不容易，所以你要注意了：学"坏"要时时记得更新啊！

有人可能要问你：为什么要学坏？如果是男人，你可以反问他：为什么你们喜欢潘金莲、莱温斯基那些女人？比起她们你的坏是够可爱的了。一再的迁就、纵容，致使女人受宠的心态像花一样怒放！怒放！怒放……

结婚对于女人来说是找到了依靠，找到了寄托。于是男人多半就变成了困兽，并标志着"服役"期的开始。

男人把聚集在一起的多数时间用来谈论女人。历数女人的种种不是，他们相互充当着对方的心理医生。不过这都是假象，那些他们对自己老婆的不满，可能是真的，他们纵容自己的老婆，那也是真的，他们爱他们的老婆，就更是真的了。男人之所以这样牺牲小我的体贴、包容着他们的老婆，全都是自然的毫无目的性的。说白了，原因就是感情所在。

我并不认为男人要为此自卑，这恰恰是男人宽厚胸襟的一种体现，所有的女人都有点小资情调，并有逐步往大资情调晋升的趋势。这些情调的生成都源自男人对她们的保护、照顾，助长了她们的过于自信和自尊，长此以往会转变成女人对男人的一种歧视。因此男人对女人的迁就也好，宽容也好，都要适可而止，要知道挑剔是她们的本性。女人也不该受宠而从此迷失自我，失去独立的性能，以免某年某月某天，真轮到你“独自在家”时，却毫无准备，招架不住，无端生出诸多的尴尬事来!

后 记

男人天生是探险家和旅游爱好者，黄山之奇、华山之险、桂林之秀、九寨之幽，都令他心驰神往。而跋山涉水、舟车劳顿之苦，极合男人好斗、善征服之天性。

男人常钟情于梦中胜地，“不去蓬莱是遗憾，去了蓬莱终生遗憾”，灵长类中最智者的男人们何尝不知个中道理？然而，因为没得到，因为神秘感，因为征服欲，所以他们兴致勃勃赶去，风尘仆仆前往。

男人对女色的孜孜不倦也向来如此。男人往往情系于那个回眸一笑、又擦肩而过的梦中情人，怀揣着真诚的誓言追寻芳踪，急促的心跳也差点感动了自己，然而热度过后，他们很抱歉地说：“原谅我，忘了我吧！我当时并不成熟！”这时，被男人的痴情感动得默默以心相许的情人，哀哀欲绝，也许会用尽一生尝尽幻灭之痛。其实，令他心跳的是那种感觉，感觉之后，他又要寻找新感觉了。

纵使天下美景，男人一看惊艳，二看平淡，三不再看。

常听旁人议论：“隔壁李二新找了个相好的，不如他的老婆漂亮，

贤惠，温柔，真是‘况’了！”旁人替妻子抱不平，却未知其症结所在。这和审美品位根本就是两码子事，毕竟是别处风景，与自家迥异，品尝另一种味道，不仅视觉新鲜，嗅觉、味觉与感觉全异于家中一成不变的三菜一汤，何乐不为？

也常听幸福小女人感叹：“我家老公，呼我唤我，皆是宝贝、甜心，他说我是他的惟一，我好幸福啊。”小心，幸福的小女人，意识不到危机往往是最大的危机，他还有一句潜台词，“你不过是我现在的惟一”，要知道，对你永远忠实的是天天为你叼拖鞋的小狗花花，永远视你为惟一的只有你那白发苍苍的老父老母。你现在是他的惟一，是因为他暂时还未看到别处风景，或是还未出门而已。

然而，锁住男人的腿是万万不能。旧时缠足妇女，几千年的礼教，也熏不灭她们对自由之向往，一双天足，最终何尝不是为了自由张眼看世界，包括选中自己心仪的夫婿？更何况自古天足走四方的多志男儿。所以女人一生危机四伏。

因此有密友传授驭夫之术：“要常驻红颜，还要充实自我，每天一变，让老公天天如临百媚千红，此间乐，不思游！”

也有苦肉一计：“搜干他的口袋，让他无颜出门东张西望，更无底气拈花惹草，小脚男人，足难出户！”

还有阿Q自解：“男人爱旅游是天性，但男人最爱的风景是家，他累了，自会回来，且由他去吧！”

看来以上几招皆经过验证，否则怎成为经验。然而这驭夫之术皆未能改变女人的从属地位，凭什么总是让女人紧张呢？为什么女人只是让人赏玩的风景呢？胡适之曾说：“陆小曼是北平一道不可不看的风景！”

志摩大不以为然，他对小曼说：“我向来不赞成把女人比喻为风景，好像女人就是为男人而生的，就是让男人品评娱乐的！反过来，这样的说法可能会招女人骂！”

女人常不自觉地让自己处于从属地位，所以也以成为男人眼中的风景为荣。但变着法子唱“看我七十二变”取悦男人，也着实是一件费力而难能讨一辈子好的事。等待男人疲惫后回家，真是无奈的悲哀。

男人爱游玩，爱新奇，不能说明他们坏，那是他们的本性使然。放弃幻想，女人才能真正地清醒。

男人深情的眼神不是女人活下去的唯一理由，没有了他，还有我。自我的完善才是一生必修的功课，女人要做一道自己心中美丽的风景。内外兼修，让他时时惊喜，既敬且爱，如若他心有旁念，且由他去，你自“活到老，修到老”。浪子回头时，你已修炼至神闲气定，从容祥和，美丽风采，步步莲花。人生万象你已见惯不惊，责任感让你笃实，自信让你美丽。他再见你时如若初时惊艳，双眼放电，你大笑着呶一下嘴巴：“你来了丫！到后面排队去吧！”